献给康康和伦伦。

愿我们种下的苹果树茁壮成长。

苹果树下的下午茶

英式下午茶事

秋宓 著

上海三联书店

1

英式下午茶轶事

2

英国茶传奇

3

英国特色下午茶店

4

特色英国茶品

下午茶点
Afternoon Tea Treats

前　言

英国的下午茶文化闻名遐迩，来英国旅行的人们无不光临著名酒店和茶室，享受传统英式下午茶。对于这个与众不同并广受欢迎的下午茶文化的来历和起源，世界各地的爱茶人士总是心存疑问。

就像世界许多国家一样，英国式饮茶和中国有关。这一切追溯到1650 年代，第一批少量的中国茶抵达伦敦。那时，没有人听说过茶，也没有人知道怎样冲泡和饮用茶叶。但是伦敦的那些卖茶商人在中国见识过茶叶的饮用方法，他们亲眼目睹这些神奇的叶子用精致小巧的茶壶冲泡，然后晶莹剔透的茶汤倾入娇小的瓷碗中。当客人们得知这些讯息后，旋即买回整套中国茶具，照搬中式饮茶方式。英国人的茶台上摆放着的器具和中国人使用的一模一样，包括中国进口的宜兴茶壶、一个装有干茶的中国瓷茶罐、中式小茶碗和茶碟，以及一个英国银壶。

在早期的英国，茶叶极其昂贵，只有极少数富贵人士能够享受得起啜饮这琼浆玉露，并且购买所需要的成套器具。因为只有富有的贵族和皇室家族人员才能喝茶，茶就和高贵联系起来。一提到茶，就联想到豪门宅邸、精致宫殿、陈列着最新潮家具和墙上挂饰的偌大房间，以及穿着讲究、举止优雅的高贵家族。茶只奉给重要的来宾和家族成员，泡茶与喝茶都务必在豪宅内最好的房间（绝不会在厨房）进行。一些英国现存的历史豪宅中，还收藏着于 17、18 世纪购置的精美中国茶具。

由此，这种优雅的冲泡仪式逐渐演变成英国人的日常习惯，也成为英国社交活动的重要组成部分。一开始，在 17 世纪，茶通常在正餐后饮用，以帮助消化。后来，茶与咖啡和热巧克力一起成为流行的早餐饮品。茶开始全天候地出现在各种场合，在家里、旅馆和饭店、温泉小镇、游乐场、小型派对和社交舞会上，总之，有客人的地方就有茶。从大约 18 世纪开始，一天的正餐被推迟到晚上 7 点 30 到 8 点之间，茶开始成为轻便午餐和晚餐中间漫长下午的醒神剂。于是，在 17 世纪中期形成的喝茶的习惯，逐渐演变成今天的下午茶。最初，只不过是慰藉下午饥饿的一点点食物，最后形成了包括三明治、英式松饼（scone，亦称"司康"）和各种饼干蛋糕的完整餐单。现在，全大不列颠上上下下，各个酒店、餐馆和茶室都提供各种茶叶和雅致的下午茶。每一家的下午茶餐单都有着自己的特色，以便吸引潜在客人注意。有时还在节日提供香槟酒和鸡尾酒，以增添气氛；也有更多种类的高品质散茶供选择；服务员们拥有更丰富的茶类和美食的知识。

这本迷人的茶书生动地展现了英式下午茶仪式的魅力和优雅，特别介绍了全英国最有名的茶品、茶吧和茶室。书中阐述了英式下午茶的背景，以及其如何逐渐演变成今天的英式茶礼，还有很多趣味横生的茶礼仪知识：摆放茶台的艺术，是否真的用茶碟来喝茶，下午茶和高茶（high tea）的本质区别。这本书还撰述了传奇历史故事，有 19 世纪罗伯特·福琼（Robert Fortune）举世闻名的偷盗中国茶种大案，也有为了争夺在伦敦码头卸下第一箱茶叶而引发的飞剪式帆船（Clipper）航海大赛。此外，因为英国人太钟爱他们的早餐混合茶，书中还介绍了茶叶的混合、调味以及茶叶级别。

通过精美的图片、优雅的文字、巧妙的引用，读者可以更深入地了解和享受迷人的英式下午茶。书中所提到的那些美妙的地方，无不令人心驰神往，想必会令恰巧身在英国的朋友们跃跃欲试。这本书还借着图片清楚地示范了正宗传统英式茶点的制作方法。翻开本书的你，想必难以抗拒书中介绍的绝妙食谱。开一个茶会，邀请你的朋友，一边谈谈下午茶历史及其和中国茶文化之间的千丝万缕，一边享受烘焙的乐趣吧。

简·佩蒂格鲁（Jane Pettigrew）于伦敦

2017 年 10 月 8 日

（秋宓 译）

*Jane Pettigrew，英国知名茶叶专家，茶历史学家和作家。

苹果树下的下午茶

寒冷的冬日，手捧一杯香甜奶茶，翻开董桥的《苹果树下》，回忆突然涌上心头。是什么时候爱上英式奶茶？是什么时候恋上下午茶点？苹果树下的下午茶，浪漫温馨不过如此。就在那个萧瑟阴沉的冬日，萌发了写一本下午茶书的念头……

听说董桥出了一本书，叫《苹果树下》，莫名地喜欢这个名字，就央香港朋友寄一本给我。收到书，是一个阴冷的冬日。就着炉火，冲一杯英式奶茶，慢品董桥的轻言细语。茶就选前些日子买的高海拔锡兰，冰箱里拿出来的牛奶放进微波炉加热冲进茶里，天冷加两块方糖也不内疚。

董桥说，苹果入诗入画，英美偏多，中国诗词绘画写苹果的好像少见。想想也是，中国人赋予梅兰竹菊无穷诗意，再就是莲花入诗多。

苹果树在英国普遍得很，朋友家后花园极大，郁郁葱葱，种了梨树和苹果树。秋天的周末，他总是忙着采摘苹果和清理跌落地上

的果实。那些小苹果红里带点黄，泛着青，不晓得他怎么处理那么多苹果，想必是做了苹果酱，酿了苹果醋。我家门口也有一棵，天生天养，却也硕果累累。掉在地上的不知被松鼠或是什么其他动物啃得七零八落，随手摘几个大的，用来做苹果馅饼或烤苹果面包，味道都不错。

英国超市有一种叫做"粉红佳人"（Pink Lady）的苹果，粉红色，果肉脆爽多汁，酸甜比例正好。吃剩的果核取籽，入冰箱冷藏三天唤醒种子，水泡几天到种子裂开，埋进花盆，几天苹果苗就顺利长出来了。小儿子认养一棵，要和我比赛，看谁的苹果树能先结果子。既然他这么认真，我就上网查查种植资料，一查，吓一跳。原来这个"粉红佳人"的种子并不一定能结出"粉红佳人"的果子。"粉红佳人"是"金冠"（Golden Delicious）和"威廉女

士"（Lady Williams）异花授粉得来，本株开花并不能本株授粉；而且果子最后一个月要天天在大太阳下晒，才能摘到粉红色的果子，这在英国是不可能完成的任务。小儿听了说，并不期待能种出超市的苹果，只要种出自己的苹果就好了。他指着门口一棵大树，问我们的苹果苗能不能长那么大。我笑说能，那真要等我老了。他又说，到时候，我们在树下摆个台子，喝下午茶。

呷一口奶茶，继续那篇《绾霞山房》，刚好读到董桥在江老师家吃下午茶那一段。江老师酷爱他的学生、年轻太太霞姨准备的下午茶，每天都盼望下午茶的美好时光。那是董桥在老师的绾霞山房吃的第五顿下午茶，茶桌上的礼仪在霞姨的教导下，已经烂熟于心了。

他写道:"茶杯先倒茶才放牛奶:只有厨房里的佣工先放牛奶才倒茶,他们用的是粗陶茶杯,放了牛奶才倒茶,不怕热茶太热热破杯子。端起茶杯喝茶记得右手拇指食指扣住杯柄,左手中指托着茶碟提防茶杯拿不稳,提防茶水沿着杯缘流出来。茶匙搅拌奶茶不是打圈搅拌,是上下来回搅拌,顺时钟六点、十二点上下搅匀。搅拌完了记得提起茶匙在杯口轻轻抖掉茶匙上的余茶,湿漉漉的茶匙不可以一下子搁到茶碟上去。切成小方块的手指三明治(finger sandwiches)讲明要用手指拿着吃,不可用叉子叉着吃。烤松饼要用手掰开不用刀切开,掰开了涂上果酱涂上浓缩奶油吃完一瓣才吃下一瓣,不可两瓣叠起来像吃三明治那样吃。"

未几,读到江先生绝症末期,在霞姨悉心照料下安然离世,也是一种福分。奶茶喝掉大半,手捧着温热的杯子,仿佛看到董先生笔下的霞姨"高挑的背影缓缓远去,素淡的旗袍当真好看",听到她自言自语"书是老师的好",还有董桥说的那句"有书,有你"。

蓝色橙色的火苗上下跳动,窗外的雨点打在玻璃上,这样冬季雨天的一杯奶茶,有董桥《绾霞山房》里的江老师和霞姨的温馨故事陪伴,望着窗台上的苹果树苗,也温暖欣慰得像坐在苹果树下的那杯下午茶。

品一杯滇红白波特

相貌姣好的女人在冲茶时最美。

——玛丽·伊丽莎白·布莱登

《奥德利夫人的秘密》

Surely a pretty woman never looks prettier
than when making tea.

— Mary Elizabeth Braddon

LADY AUDLEY'S SECRET, CH. XXV

"想喝什么茶？"她在厨房里笑着问我。

"你喜欢的。"我答道。很好奇简都喝些什么茶。

一把镶着金边的英式茶壶、两只配套的镶金杯碟，放在我面前的矮台上。她说这"云南"是前一阵子一个中国朋友送的，无论香气、味道还是汤色，都很棒。

"云南"？我暗自思忖，难道是普洱吗？

转眼，洁白的骨瓷杯子中就卧了两汪镶金圈的红艳艳的茶汤，空气中弥漫着甜甜的果香。原来是"滇红"，我恍然大悟。

"一种森林的香气，大地的味道，很甜，很柔。"简轻声评论道，露出高雅的微笑。

简·佩蒂葛鲁（Jane Pettigrew）是英国知名茶叶专家、茶历史学家和作家。她的最新著作《世界茶叶》荣获 2018 年世界茶叶博览会"出版书籍类——最佳产品奖"。她还曾获 2016 年"茶叶生产和历史研究"英国王室奖牌，2015 年美国加利福尼亚长滩玛丽女皇"最佳茶教育者"称号，以及"最佳茶人"奖和"最佳健康推广"奖等。简从事茶工作 30 多年，著有 17 本茶著作，其中两本还被翻译成中文。

于是，这天的英国下午茶课程就从滇红开始。滇红在英国虽然不及大吉岭、阿萨姆、锡兰和祁门红茶出名，但是也被越来越多英国人发现并接受。简说，她第一次接触滇红，就被它多层次的香气和口感所感动，这种层次感在传统英国红茶中并不多见。

"当你发现它，就会爱上它。"简说，"很适合清饮的一款早餐茶。"

英国的早餐茶和下午茶选茶有所不同。早餐茶通常选用中国、印度、斯里兰卡和肯尼亚各地的红茶调制而成，芬芳浓郁，又称"开眼茶"。而下午茶，则会选择口感清新淡雅的茶品。滇红香气鲜爽、滋味浓厚，本身层次感强，不需要牛奶和糖的调配，所以越来越多的人选用滇红作为清饮早餐茶。

伦敦的七月早已摆脱了阴冷潮湿，天气干爽，午后的阳光从透明的窗纱欢快地跃进来，跳上茶台，坐在简的膝上，照进她琥珀色的眼。她柔声地诉说着茶在英国的那些故事。我端起漂洋过海的"云南"，任那果香扑面而来。她红扑扑、笑盈盈地端坐在镶金的英式骨瓷杯里。轻啜一口，活泼甘甜，富有生气的大地的味道。舌尖的那丝清甜，滑向喉咙，在上颚留下一缕花香，细腻柔滑，齿颊生津。一瞬间，人似立于繁花盛开、古木参天的森林中，鸟鸣啾啾，清风拂面。

简看看舞动的窗帘，笑说："这样热的天气，不如来一杯白波特云南鸡尾酒如何？"

"白波特云南鸡尾酒"，那很是富有创意的诱人组合。白波特葡萄

酒颜色金黄，是成熟的稻秆色，带着丰收的喜悦，入口不酸不涩，从浓厚的葡萄甜味到细腻的花果香味，口感丰富。与滇红调和，赋予这款鸡尾酒浪漫的色彩和更复杂的神秘感。

端着这杯凉爽的"白波特云南"，我们谈论着茶在英国的奇闻逸事。身在异乡，品尝着熟悉又陌生的滇红，真的又爱上她那复杂多变的层次感。

有简的悉心教导，有白波特滇红的浪漫陪伴，还有比这更完美的英式下午茶吗？

第一章

All About English Afternoon Tea
英式下午茶轶事

时间为茶而停顿

当时钟敲响四下时，世上的一切瞬间为茶而停顿。

❧

When the clock strikes four, everything stops for tea.

福南梅森钻禧品茶沙龙（Fortnum & Mason, The Diamond Jubilee Tea Salon）的下午茶。

一首英国民谣这样唱，"当时钟敲响四下时，世上的一切瞬间为茶而停顿"。英国人每天早午晚均有茶相伴，"Tea Time"之多，让人觉得，他们三分之一的生命都消耗在饮茶中了。

香港著名学者董桥有一篇赞美伦敦午后时光的文章这样写道："下午三点钟。阳光把伦敦罩成一颗水晶球。喝了一杯英国人的下午茶，然后在那条看到钟楼的大街行走。狄更斯在这条街上走过。哈代在这条街上走过。劳伦斯在这条街上走过。毛姆在这条街上走过。老舍在这条街上走过。徐志摩在这条街上走过。在这样的一个下午里。在水晶球的下午里。"

小时候我们有很多期盼，盼着暑假来临，又盼着漫长的暑假结束；盼着 16 岁的生日，又盼着 17 岁的到来。长大以后，忽然发现时间太匆匆。一天天，一周周，日复一日，年复一年，还没来得及品，就"刷"的一声过去了。

英式下午茶，像是一种"慢下来"的精神，提醒我们，再忙碌，有时也该停下脚步，享受一段与茶点相伴的时光，给自己一个思考的时间与空间。

在最早期的英国，喝茶是一天中和家人朋友相聚的悠闲好时光。在这种场合，谈论什么话题，大家也是有默契的。通常，下午茶时间不适宜谈论与政治、生意和金钱相关的话题，而是一个比较轻松的闲聊时间。

高贵的女士先生们要确保家中有各式各样茶会必须的茶器。这包括从中国、日本进口的精美的瓷碗、碟、杯子和茶壶；或是欧洲、英国出产的纯银茶壶、茶匙和糖夹。那些跻身上流社会的贵族绅士小姐们明白，如果想得到朋友的认同与尊重，拥有最精美的茶器、最时尚的茶台和茶盘是何等重要。下午茶会是一个显露经济实力，彰显艺术品味和生活情趣的场合。

在乔治王时代（Georgian era, 1714-1837），富裕的上流社会人士还经常流连于全英国各个温泉小镇疗养。茶，又为他们在散步、听歌剧、泡温泉、打牌、赌博的日常生活中增添了一个亮点。

在伦敦，这个时期兴起了很多游乐园（pleasure garden），例如：

《茶园》（*A Tea Garden*），George Morland 于 1790 年绘。图片展示了一家人在伦敦茶园享受下午茶的情景。

马里波恩（Marylebone）、沃克斯豪尔（Vauxhall）和切尔西（Chelsea）的公园，吸引各阶层人们在闲暇时间漫步、打球、听音乐。与此同时，他们有的在公园内的茶室喝茶；有的自带茶具，在树荫下、凉亭里茶聚聊天。

在这期间，社会中下层比较贫穷的人们也开始在劳动之余与朋友和工友们喝一杯茶，聊聊家长里短，享受短暂的茶点时间。在乡村，当女人们每天有一个短暂的时间能聚在一起喝喝茶、聊聊天时，一切沉重的农活和家务似乎也减轻了。在农田里，辛勤劳苦的农夫们也期待着在烈日下劳作之后，坐在稻草堆旁的阴凉处，打开妻子为他们准备的瓶装茶，喝一口，抚慰一下疲惫的身躯。

现在的英国，茶还是一如既往地陪伴着人们。无论在家、在公

《煮茶的老妇》（*An Old Woman Preparing Tea*），William Redmore Bigg 于 1790 年绘。英国乡村农舍里，一个老妇人在煮茶，小圆茶台上摆放着面包、牛油和茶具，壁炉的柴火火堆上烧着水。穷人和富人都以各自的方式饮茶。

司，无论是和朋友一起还是孤单一个人，当你要休息一下，给身体和心灵一个休憩的时间，茶，永远是最好的陪伴。

这个遥远的大洋彼岸的国度，80% 的人每天饮茶，茶叶消费量约占各种饮料总消费量的一半。这里不产茶，而茶的人均消费量占全球首位，茶的进口量长期遥居世界第一。在这本书里，笔者为大家分享茶在英国扎根的历史、趣闻，以及关于英式下午茶的那些事。

让我们敲响下午四点的时钟，为茶而停下来……

亮相西方

住在一个没有茶的国家，
不是一件让人沮丧的事吗？

——诺尔 · 克华德

英国著名演员和剧作家

Wouldn't it be dreadful to live in a country
where they didn't have tea?

— Noël Coward

ENGLISH ACTOR AND PLAYWRIGHT

地处以咖啡为主的欧洲，英国虽然不产茶，却诞生了立顿（Lip-ton）这个世界闻名的茶企业，创造了风靡世界、象征典雅高贵的英式下午茶文化。茶，何时在西方正式亮相？是不是传说中的凯瑟琳王后把茶带到英国？

茶在西方正式亮相，比起茶在中国超过五千年的饮用历史来说，是太晚了。其实，早在 13 世纪马可·波罗（Marco Polo）到中国探险时，曾踏足福建和云南，没有可能不遇到茶。然而，不知什么原因，伟大的探险家并未把茶带回家，这使得欧洲大陆对茶长时间一无所知，直到 16 世纪中叶葡萄牙人到达中国，中国和欧洲开始建立贸易往来。17 世纪初，茶才姗姗来迟，到达欧洲，而传到英国却是在 17 世纪中叶以后了。

据史料记载，早在 1610 年，葡萄牙和荷兰就曾经从中国进口茶叶到欧洲。1611 年，荷兰人还从日本购买茶叶。荷兰东印度公司的总裁写信给他们在爪哇的总督说："我们这里有一些人已经开始喝茶，所以我们需要每艘船都配一些中国茶罐和日本茶。"

最早以英文记录茶叶来自于一个海外的英国商人。1615 年，在日本经营东印度公司的 Richard Wickham 写信给澳门的同事，请他们带来"一罐最好的茶（chaw）"。1637 年，旅行家和商人 Peter Mundy 在中国福建第一次遇到茶，他写道："这里的人们给我们喝一种饮料叫茶（Chaa），就是用水煮一种草药的汤汁。"

最早从中国带回欧洲的是几磅绿茶和红茶。这极少量、贵得惊人且不同寻常的"草"首先在欧洲的皇室和贵族家中落脚，直到 1650 年代晚期，才到达伦敦。英国在茶叶贸易方面是后知后觉的，1657 年第一批少量进口茶叶抵达伦敦还要归功于荷兰人。因此，当东印度公司想献给查理二世和他的凯瑟琳王后一小盒茶叶时，必须向荷兰商人购买。

茶叶从中国遥远的山区到达欧洲的旅程复杂而漫长。每年 9 月份的时候，春茶通常才刚刚到港口，这时欧洲各个公司的经纪人开始第二轮选茶。名字叫做"东印度人"的荷兰船满载茶叶、丝绸、香料和日本瓷器抵达伦敦时，已经是冬天或者第二年的春天了。所以 17 世纪伦敦售卖的茶叶至少是 18 至 24 个月之前的出品。

最初进口到英国的茶叶被当成药来售卖，并以夸张的疗效作为卖点。伦敦公报上曾经出现这样的广告：所有医师推荐的、最好的中国饮料，中国人称作"茶"（tcha），别的国家叫做"tay"或者"tea"。但是这时候，茶并未能引起人们的注意。英国与中国的茶叶贸易纠葛，以及茶真正被赋予时尚和快乐的标签开始于查理二世时期。查理二世"王政复辟"后的五个月，1660 年 9 月 25 日，任职英国海军部首席秘书的塞缪尔·皮普斯（Samuel Pepys）在其家喻户晓的《皮普斯日记》（*The Diary of Samuel Pepys*）中写道："我今天喝到一杯 tee（中国饮品），这是我从未品尝过的。"

1662 年，茶在英国的地位发生了极大转变。查理二世迎娶了爱好饮茶的葡萄牙公主凯瑟琳，在她丰厚的嫁妆中，有一柜子茶叶，是当时葡萄牙宫廷的时兴货。凯瑟琳经常邀请她的贵族朋友

英国国王查理二世的妻子——葡萄牙公主凯瑟琳（Catherine of Braganza，22岁），或由 Dirk Stoop 于 1660 至 1661 年间绘。凯瑟琳于 1662 年嫁给查理二世，在英国上流社会传播饮茶文化。

饮茶，将葡萄牙宫廷的饮茶文化带到英国，使之成为当时英国上流社会最入时的消遣之一。其实凯瑟琳是将饮茶文化在英国推广开来，给茶披上华丽的上层社会外衣，并非是她第一个把茶带入英国。

17 世纪中叶以后，茶正式传到英国，并迅速风靡皇室及上流社会。17 世纪末，当咖啡成为法国和德国最流行的饮料时，茶叶在英国市场得以继续拓展。其后，在乔治王时代，即 18 世纪以后，茶在社会中下层人民中普及开来。从此，茶正式成为英国最为流行的饮料，且取代了酒在餐饮中的地位。

英国，这个历史丰厚、自然环境优美、教育精良、彬彬有礼的国家，和茶有着不解之缘。茶不仅引领英国人民展开脱离酒精的健康生活，还以独特的下午茶形式丰富了人们的休闲生活。

早期茶会

甜蜜的家，温暖的火炉旁，等啊等，
等壶里的水冒泡，等茶叶吐出芬芳。

——安格斯 · 瑞普莱尔

《茶思》

Sheltered homes and warm firesides – firesides that were
waiting – waiting, for the bubbling kettle
and the fragrant breath of tea.

—Agnes Repplier

TO THINK OF TEA

茶在英国现今社会是最普遍的饮料之一。英国人喝茶没有什么讲究，物美价廉的茶包、造型单一的马克杯，就能泡出满足的早餐茶。糖、牛奶以及各种香料调配的茶在我们看来已经失去了茶的原味。即便是现在风靡全球的英式下午茶，与中国茶的形与神都相差十万八千里。茶在英国一步步地走出了自己的风格。

然而，在英国早期，茶却是以另外一种方式存在。无论庄重感、茶器的使用、品饮方式和口味，都与现今的中国茶颇有相似之处。你可能觉得匪夷所思，这怎么可能呢？但是，仔细想想，这也合情合理，因为当初不谙茶事的英国人，样样都照搬中国做法，而且有过之而无不及。你且看看下面几个方面是不是似曾相识。

首先，茶很贵，玩茶要"豪"得起。在英国早期，茶通常和宫廷皇室、豪华宅邸、精美绝伦的瓷器、贵重的银器以及高贵的生活联系在一起。好像现在中国茶文化圈内有一股"雅活"风气，似乎一讲到茶，就是高雅生活的代名词。玩到极致，更少不了奢侈、豪华，皆因"好茶"和"好器"都是天价。

在欧洲茶文化最初的 150 年，茶叶是一种极其稀有昂贵的奢侈品，通常只出现在皇室和贵族的日常生活中，是上层社会人士的昂贵嗜好。在英国，开始出现饮茶文化的最初 50 年，即 1657 到 1706 年，茶叶的价格贵得惊人。每磅茶叶约 3 英镑，而当时一个工人每年的工资在 2 到 6 英镑之间，一个律师一年的薪金也只有 20 英镑。一个工人一年的工资最多只能买 2 磅茶叶，相比之下，茶叶真是贵得离谱。

《茶会》(*A Tea Party*)，荷兰画家 Nicolaes Verkolje（1673-1746）绘。这是最早描绘喝茶的画之一。画中的中国茶具包括小茶碗、杯托。桌子上的大碗用来放置茶渣，两个小碟子用来放糖、面包与牛油。迷你红色茶壶是来自宜兴的紫砂壶，银水壶和银茶匙则可能是英国出品。

其次，所谓好茶定要配好器。现在不少"茶人"，包括我在内，都有收藏癖和强烈的茶器占有欲，恨不得买进所有心头好。当茶在英国上层社会流行开来时，所有喜爱喝茶的人，都开始置备各式各样的茶具。如果是要喝茶，就务必庄重些，拥有精美齐全的茶器才能和喝茶人的身份匹配。当时欧洲人尚未学会如何制造瓷器，如果买不起中国的瓷器或者欧洲银器，那么也至少要用锡器、彩陶和荷兰代尔夫特蓝陶（Delft Blue）来代替。

那些珍贵的茶叶储存在精美的中国瓷罐中，这些或扁、或圆、或

中国制造的茶箱（Tea Caddy），来自18世纪晚期到19世纪初期，木制、金属把手、带锁，高18厘米，宽24.7厘米，深15.8厘米。英国早期，茶叶很昂贵，多用有锁的盒子保存。1780年以后开始称为tea caddies。"Caddy"来自于马来语"Kati"，一种用来度量重量的单位，就是我们今天的"斤"，相当于500克。

高、或矮的茶罐不但是陈列在家中的精致美观的艺术品，还很实用，小巧的盖子可以用来量茶叶分量。每次泡茶，严格控制分量，一来保证泡出好口味，二来避免浪费昂贵的茶叶。

当时也流行一种富丽堂皇的茶箱。茶箱用稀有的材质制作装饰，如稀有树木、龟板，黄铜或者白银。这种高端茶箱外部点缀手工镶嵌的珍珠母、水晶和白银，还附有精美的雕刻、绘画和金银细丝工艺。内部通常有几个隔断，分装不同种类的茶叶，还有一隔来摆放水晶糖碗，最重要的是盒子上加了锁，严防宝贝茶叶被仆人偷窃。茶罐或茶箱放在主人卧室旁边一个小房间内的层架上，

音乐茶会（*A Musical Tea Party*），Marcellus Laroon The Younger 于 1740 年绘，展现了当时富贵人家喝茶聚会的情景。

位置隐蔽，确保安全。装饰着华丽流苏的闪亮的茶箱铜钥匙就系在主人腰间，在华美的衣裙中若隐若现，是身份，也是装饰，还确确实实是一份对茶的珍爱。

另外，英国早期的茶会隆重而高雅，茶会主人全权负责为客人泡茶。所用茶壶、茶杯都是纯粹的中式，茶也是清饮，不加任何调味品。茶会通常在女主人的卧室或者客厅进行，佣人只是负责摆放家具，把茶具摆在矮台上，并从厨房把热水拿出来。冲泡茶叶的整个过程则从不假手于人，必须由女主人或男主人亲自完成。主人把热水倒进银壶里加热，然后小心地把珍贵的茶叶取出合适的分量，放进小巧的壶中，再把热水冲进东方式的暗红色紫砂壶中，然后将茶汤倾入小巧无把手的青花瓷杯里。绿茶清饮，一切都是原原本本的中式传统。茶后，才添加西方元素，通常会配一些酒类，比如橘子白兰地、果仁酒等。

最后，喝茶的场所也开始慢慢讲究起来。人们不满足于餐桌上喝茶，女士们不喜欢在清雅的饮茶时间被淹没在呛人的二手烟雾和男士们喷着酒气的吹牛中，认为喝茶要有专门喝茶的地方。通常，一般人家正餐结束后，女人们就转移到客厅（withdrawing room）喝茶聊天。

18世纪后期，富贵人家开始建立与餐厅和客厅分开的独立茶室。在白金汉郡（Buckinghamshire）的 Claydon House 就建了一间具有异国情调的茶室，叫做"中国厅"。这个隐蔽的小客厅位于楼上，是一间装有镂空雕花装饰的中国风格茶室。一家人餐后就坐在炉火旺盛的壁炉周围的沙发上喝茶、聊天，享受一天最美好的时光。

甜蜜代价

满满一杯茶和一块糖，那是狂喜的味道。

——亚历山大·普希金

俄国诗人

Ecstasy is a glass full of tea and
a piece of sugar in the mouth.

—Alexander Pushkin

RUSSIAN POET

《三口之家》（*A Family of Three at Tea*），Richard Collins 于 1727 年绘。图中展示了 18 世纪的银质带盖糖碗，以及银质的糖钳和茶匙。

一杯香浓可口的英式奶茶，糖的调味作用不可忽视。这个我们现在看来再平常不过的习惯却曾经一度因为道德问题和政治因素而被迫摒弃。一块小小的方糖被慢慢搅进茶中，这当中所经历的金钱、道德和政治斗争，所动用的激烈暴力手段，堪比那片神奇的树叶。

在茶中加糖的习惯来自于在由花、树叶或种子做成的草药汤汁中加入糖的传统，目的就是调节口味，使其更可口。茶，从一开始就是以其药用价值做招徕，在欧洲售卖。塞缪尔·皮普斯在 1667 年 6 月 28 日的日记中记载他回家时看见的情景："我的妻子正在泡茶，药剂师告诉她，这种饮料对她的伤风流涕有帮助。"那个时期的家庭主妇们都会调制一些汤药来对付各种病症，并会在药汤中加入一些糖或者蜂蜜调味。所以，在英国，茶的饮用从一开始就自然而然地加入糖，用小银茶匙慢慢地搅入。

16 世纪之前，糖从巴西、亚速尔群岛和加那利亚群岛进口，价格很贵。当糖的货源开始来自西印度群岛时，价格才大幅度调低一半。根据 1660 年的数据显示，当时英国每人每年糖的消耗量是两磅。到 17 世纪末时，糖的消耗量已经翻了一倍，这可能除了与糖在甜品中的广泛应用有关，还和茶与咖啡的消耗增加关系密切。

但是，其实并不是所有人都认为在茶中加糖是明智之举，英国还曾一度掀起反对茶中加糖的习惯。有人从健康和功效方面考虑，认为在茶里加糖并不好，如 John Ovington 认为糖会降低茶对肺部和肾的功效。

更加激烈的反对茶中加糖是源于道德和政治因素。当时农场主人生产糖赚了大钱，为了将糖摆上英国人的茶桌而动用的暴力手段不比装满茶罐所需要的少。第一批非洲奴隶被运往美洲所从事的劳动就是种植甘蔗，漫长而可怕的"三角贸易"从此开始了。首先欧洲的货物运到非洲，交换得到的非洲奴隶再被运往美洲，最后再把奴隶生产的糖运到欧洲。残酷的奴隶制度激起广泛的废奴运动。1760 年，英国著名瓷器制造人韦奇伍德（Wedgwood）开始倡导废奴运动，随后大批民众响应，摒弃在茶里加糖的习惯来

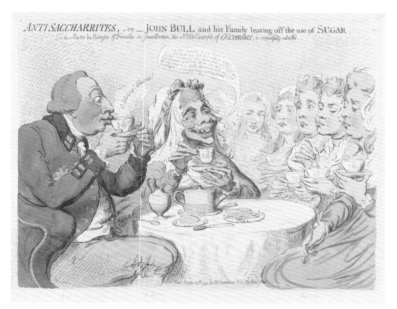

这幅由 James Gillray 在 1792 年所绘的卡通画提倡女人们停止使用糖，特别是停止在茶中加糖。画中描绘了乔治王和夏洛特王后及他们五个女儿用茶的情景。图中伴茶的有面包和牛油，但是没有糖罐，没有在茶中加糖。王后说："亲爱的，快尝尝！你绝对想不到不加糖的茶多么好喝，并且这样省了可怜的黑人们多少力气呀。最重要的是，记住这样为你们可怜的爸爸节约了多少开销呀。噢，多么的美味呀！"国王小声说道："噢，美味！美味！"

声援废奴运动。

1850 年代以后，糖的制作原料从甘蔗转变成甜菜后，价格大幅度降低，糖在英国终于成为人人买得起的普通商品。茶里加糖就自然而然成了惯例。

那时候，进口到欧洲的糖是每块 6 磅左右的固体，人们必须用糖钳和小锤子将其敲碎，放在糖碗或碟子中供人们使用。于是各种款式精美、设计独特的糖钳和茶匙诞生了。这些纯银或镀金的糖钳有橡子树枝状、喷泉形，还有的带有贝壳把手。

现今的英国，固体方糖仍然是茶桌上的必需品。但是，越来越多的英国人开始倾向于不在茶中加糖，一方面考虑到健康因素，避免摄入太多的糖；另一方面，他们也开始体会到，好茶是不需要加糖的，不加糖的茶味道清新醇厚，更自然，更美味。

香浓奶茶

我有个坏习惯，下午三点要喝茶。

——米克·贾格尔

音乐家

❧

I got nasty habits, I take tea at three.

—Mick Jagger

MUSICIAN

先加茶还是先加奶，是让喝茶的人纠结的难题。

英式下午茶的香浓奶茶是一大特色。我喜欢看见洁白的牛奶在亮红的茶汤中散开，像卷曲的云伸展变化，慢慢变薄，变得透明，把清澈的茶汤变得浓厚、富有质感。注重下午茶礼仪的人们总是纠结到底应该先加奶还是先倒茶。有趣的是，在茶中加奶并不是欧洲人发明的，这种习惯也来自中国。

在 17 世纪末之前，在喝茶的小杯子里加牛奶还很罕见。那时候欧洲人喝茶是照搬中国的清饮方式。茶中加牛奶的习惯在 17 世纪末 18 世纪初才慢慢形成，奶罐也才开始在那个时期的画中出现。1698 年，罗素夫人（Rachel, Lady Russell）在写给女儿的信中说道："昨天，我见到一种用来装倒入茶中的牛奶的小瓶子，叫做牛奶瓶子。我很喜欢，所以买了送给你做礼物。"四年之后，她又评论她喝过的一种茶是：加了牛奶的优质绿茶。

据考据，在茶中加奶的做法其实也是从中国传出去的。一种说法认为，西藏人首创将茶奶混合来喝的方式，后来传往相邻的印度，当英国人来到印度时耳濡目染，便将此法传到西方。另一说是 17 世纪中期，荷兰商人在清政府举办的宴会上喝过加了牛奶的红茶，这种独特的喝法旋即被带回荷兰。

茶中加入牛奶后，两者不但香味融为一体，营养成分也互相补充。牛奶的腥味和茶叶的苦涩味受到抑制，口感更浓郁绵长。奶茶去油腻、助消化、提神醒脑，再加入糖后，十分香甜诱人。英国天气偏凉、多雨，尤其是冬天寒冷潮湿，喝上一大杯热气腾腾、又香又甜的奶茶，既暖身又饱肚，令人格外惬意满足。

说到这里，爱茶的你是否要纠结一个问题，到底是先加奶还是先倒茶。其实身在英国，观察人们用茶，两种方式都有，纯粹个人习惯不同，大多数人是不大究其缘由的。

英国曾在 19 世纪针对这个问题做过一个调查，结论是应该先加牛奶后倒茶。其实，究其原因是当时平民百姓使用的粗陶茶具质量较差，遇到热水容易破裂，因此先加牛奶可以有效降低茶水的温度，使杯子不易破裂。另外当时的茶叶价格比牛奶贵，先加奶还可以减少茶叶的使用量。

2003 年，英国皇家学会又用科学验证来证明先加入牛奶的奶茶味道更佳。他们认为，如果先倒热红茶再加牛奶，会让乳蛋白因瞬间温度超过摄氏 75 度而分裂，导致茶水表面出现一层油脂，破坏茶香，使整杯奶茶失去新鲜度和口感。

然而喜欢先倒茶的人也不少。有一种说法是说，上流社会的茶会中先加茶进杯子里，杯子不会因注入热茶而破裂，这样精致耐用的茶具间接彰显了茶会主人的品味和财力。而且先倒茶再加牛奶，容易调整浓淡，调出自己喜好的口感。

事实上，每个人的泡茶方式不同，并没有对与错或严格的规定。从餐厅上单杯茶的程序来看，侍应端上一杯泡好的红茶，奶和糖另外摆放，那么就一定是后加牛奶了。如果你点的是一壶茶，那么你就有机会选择是先加奶还是先倒茶。

其实，英国人用茶已经简单化，即便是用英式下午茶，也不是每个人都严格遵守传统礼仪，所以先加奶还是后加奶没有什么关系。而且，随着茶教育的普及，越来越多的英国人开始清饮，品味茶之本味。

茶酒革命

来，我们喝杯茶，继续聊聊开心事。

——辰姆·波图克

美国作家

Come, let us have some tea and continue to
talk about happy things.

— Chaim Potok

AMERICAN WRITER

刚到英国，常常对学校的午餐用词迷惑不解。英国学校都有热午餐提供，叫做"hot dinner"。Dinner 一词通常翻译成晚餐，为什么午餐用这个词呢？午餐不是"lunch"吗？

其实，dinner 一词原本是"正餐"的意思。英国的正餐从 17 世纪早期到现在，在时间上有了很大的变化。英国人通常在用餐后喝茶，要明白他们的喝茶习惯，有必要了解一下英国早期用餐时间及变化。

在 17 世纪早期，有钱人家一天里的第一顿餐在早上 6 到 7 点，食物包括冷肉、鱼、芝士、啤酒或麦酒。中等人家的早餐则包括一杯老麦酒、雪利酒和一点面包。穷人家则以一杯麦酒、一碗谷物粥为早餐。

这个时期，每天正餐在 11 点到正午之间。随着时间的推移，正餐的时间变得越来越晚。英国的正餐也是人们大量饮用酒精饮料的时间。在咖啡和茶还未传到英国时，人们以啤酒和麦酒作为主要饮料，经济条件好的人家可以享用进口的葡萄酒；而在苏格兰，则流行威士忌。在以酒精饮料为主的时期，男人们喝得酩酊大醉，不省人事是很平常的事情。

17 世纪晚期，当茶逐渐成为上流社会熟悉的饮品时，一些有钱人家的早餐桌上除了牛油吐司之外还多了一壶茶、咖啡或巧克力。不那么富裕的人家还继续以麦酒、啤酒或自酿的酒精类饮品为主要饮料。

《早餐》(*Morning Repast*)，Richard Houston 于 1750 年绘。图为衣着华丽的年轻妇人在卧室享用早餐，右手擎着茶杯，面前的小桌上摆着薄饼干，另有一套茶杯、碗、茶壶、奶罐、糖碗和糖夹。

这个时候，多数人家的正餐已经逐渐推迟到下午五到八点，而在中午就多了一顿简餐，被称做：lunch。正餐之后，女士们为了避免坐在香烟的烟雾中，被淹没在醉醺醺的男性话题中，她们通常在正餐一结束就退到隔壁的小房间，或一个叫做 withdrawing room（drawing room，中文可以译成"客厅"）的房间，但如果将之理解成画画的房间就大错特错了。在这里，她们一边做针线活，一边闲谈轻松的话题，餐后的茶事也是在这个时间进行。所以现在英国英文所说的 dinner 是正餐的意思，在中午吃 dinner 是源于英国早期的正餐就在中午时分。

随着用餐时间慢慢推后，酒和茶在英国人民生活中的地位起了重要的变化。1799 年，英国圣公会在其落成典礼上选择茶而非酒进行庆祝，这个举动引发了戒酒运动。当时全英国各种戒酒协会大行其道，茶在吸引并试图改造严重酗酒人群的活动中起了巨大的作用。

在某种程度上来说，凯瑟琳王后在英国历史上对改变人民对酒精饮料的态度和建立女性行为标准上具有很大的影响。正如著名历史学家 Agnes Strickland 写道："凯瑟琳是第一个喝茶的女王，在麦酒和葡萄酒麻醉人们脑筋的年代，她确立了热饮时尚。使用简单的奢侈品对抗中毒性习惯（饮用酒精饮料），对各个阶层的礼仪都有有利的影响，并且对文明进步有不小的推进作用。"

从此，英国人为了更加健康的生活方式，开始重视茶文化。随着茶在人们日常生活中的地位逐步加强，在很多场合代替了酒；随着正餐时间慢慢推后，用茶的时间也越来越晚；当爱茶的人们不想等到一天就要结束的夜晚才能一解茶瘾的时候，举世闻名的下午茶诞生了。

下午茶礼仪

人生鲜有比全心全意享受下午茶
更令人惬意的时刻。

——亨利·詹姆斯
美国作家

❧

There are few hours in life more agreeable than the hour
dedicated to the ceremony known as afternoon tea.

—Henry James
AMERICAN WRITER

贝德芙公爵夫人安娜开创
下午茶文化。

在古老的英国城堡中，阴冷漫长的下午很是难熬。贝德芙公爵夫人安娜（Anna Russell）每到下午四五点钟，天慢慢暗下来的时候，心中就莫名地有一种下沉的感觉，像裂开一个大洞，空虚难耐。于是她吩咐仆人送上一壶茶，烤吐司和牛油，开创了下午茶文化。这是有关英国下午茶起源的一种流行说法。

但是，严格说来，英国下午茶的起源并不能完全归功于安娜。

其实，英国下午茶的习惯到底从何时开始，很难有一个确切的答案。在 1830 到 1840 年期间，英国人的晚餐通常在晚上 8 点左右，午餐和晚餐中间的时间很长，与其等到晚上 10 点晚餐结束后才饮茶，人们开始把晚餐茶提前到下午 5 点左右。晚餐和茶的时间开始调换。下午茶就是在这个时期诞生，逐渐演变成一种社会活动。

贝蒂茶室（Bettys Café Tea Rooms）的下午茶，可以看到茶点从下至上，为下层的咸味三明治，中层的英式松饼，最后才是上层的甜点。

再说说贝德芙第七公爵夫人安娜。她曾在 1841 年的一封信中提到下午 5 点和朋友喝茶。安娜时常在简单午餐和晚餐中间的下午 4 点腹中饥饿，并感到空虚无聊，于是叫佣人准备茶和简单茶点，估计就是面包牛油，自己在房间里泡茶吃点心，聊以慰藉。

她的一个朋友，演员 Fanny Kemble 在 1842 年 3 月 27 日写的一封信的注脚中记录了她参加安娜的下午茶会。这也可能是第一个提到"下午茶"这个概念的书面记录。由此，安娜被认为是下午茶的创始人。但是，这其实是当时很多人在做的事情，下午茶文化究竟开始于何时，很难考证，想必是逐渐形成的。

下午茶以优雅著称，旧时代严格的茶礼仪已经随着时代转变，逐渐宽松起来，但是其中一些细节还是值得我们学习，力求在用茶期间从容不迫，举止优雅。

首先，喝茶时用食指和大拇指捏住杯耳，轻轻拿起。切勿将手指穿过杯耳或握住杯身，小指应收好，不要翘起。拿茶杯时，另一只手勿同时取用食物。如果品茶者坐在较高的餐桌前，而茶杯超过腰部高度时，则只将茶杯拿起饮用。若品茶者坐在较低的茶几前或站立时，茶杯低于腰部高度，则须连盘子一起拿起，一手持杯，一手持盘。茶匙以 45 度角置于杯耳下方。

其次，吃茶点时通常不用刀叉，直接用手指拿起点心食用，小心不弄脏手指。可用餐巾轻沾唇部和手指以做清洁。如果离开座位，餐巾应放置在座椅上。用完餐后，餐巾则应较随意地放置在桌子上，不要折叠得太整齐，以免被认为没有用过，涉嫌主人招呼不周。

点心食用的顺序是从下至上，从咸味的三明治，到中层的英式松饼，最后才是上层的甜点。英式松饼（亦称"司康"），英文是 scone，读作"司刚"而不是想当然地按照拼音规则读"司功"。如果你不幸说错，会被当作外行人。英式松饼的吃法也有讲究。有品质的松饼都很容易从中间水平掰开。千万不要用刀切成左右两半。掰开的松饼露出中间柔软的部分，可用小餐刀涂抹凝脂奶油和果酱，每次涂抹一口大小的面积，吃完再抹。至于是先抹奶油还是果酱，纯粹依照个人喜好，没有严格限制。用完茶，把茶匙横放在茶杯上或是留在茶杯里，表示不需要添加茶水。

到 1870 年，英式下午茶开始流行起来。1872 年，在《现代生活

《英式礼仪和法式礼貌》（*English Manners and French Politeness*），1835 年绘制。这幅画讽刺英法不同的礼节风格。图中的法国绅士不了解英式饮茶礼仪中把茶匙横放或留在杯中是不需要续茶的表示，所以喝了 13 杯茶。

礼仪》（*Manners of Modern Society*）中描述了这种日渐成熟的社会活动。下午茶，因为搭配少量而精致的餐食，被称作"little teas"。另外，下午茶也被称作"low teas"（低茶），因为客人们通常坐在沙发上，茶具和点心则置于高度较普通餐台低的茶台上。

由此可见，英式下午茶是随着用餐时间的变化而逐渐形成的。而旧时的贵族们有一套严格的下午茶礼仪。虽然，新一代的英国人钟情轻松自在地品味下午茶，但如果阁下能够掌握基本用茶礼仪，定能在下午茶会上气定神闲，令你举手投足之间尽现高雅的气质。

高茶低茶

与茶为伴欢娱黄昏，与茶为伴抚慰良宵，
与茶为伴迎接晨曦。

——塞缪尔·约翰逊

英国作家

With tea amuses the evening, with tea solaces the
midnight, and with tea welcomes the morning.

—Samuel Johnson

ENGLISH WRITER

历史上从未种过茶叶的英国人，却用中国的舶来品创造了自己独特的饮茶文化。英式下午茶更以华美的品饮形态、丰富内涵、优雅形式而享誉天下。

然而，英国还有一种"high tea"，直译就是"高茶"。想必你也听说过。现在很多酒店餐厅在下午茶时段推广 high tea，亦有很多人认为高茶是上流社会高级茶会。下午茶和高茶是经常被混淆的概念。究竟高茶是不是下午茶，两种饮茶方式有什么不同？

下午茶，又叫"low tea"。Low tea 和 high tea 虽然只是相差一个字，意义却有很大不同。Low tea 顾名思义，是使用客厅低矮的茶台和沙发；而 high tea 则是饭厅的高桌。事实上，贵族们只喝下午茶，高茶属于社会底层的劳工阶级。19 世纪末的英国贫苦劳工和农民物质生活极其匮乏，吃不起下午茶，故此只在中午吃一餐，傍晚下班再吃一餐，这傍晚在高餐桌上用的一餐就叫高茶。

高茶在一天工作结束之后的下午 6 点开始，而下午茶的用茶时间则是下午四点左右的闲暇时间。高茶的配餐很丰盛，犒劳农民们辛苦的一天，完全可以取代晚餐。而下午茶则是上流社会人士和贵族们打发漫长而无聊的下午，等待晚上 9 点的正餐前的休闲聚会。

现在，英格兰北部和苏格兰地区的乡村依旧有高茶的存在。农场的高茶新鲜味美，热闹非凡，农民们和家人孩子们享用劳作一天后的丰盛餐食，是劳动人民的欢乐时光。宽大的高脚餐桌上，铺

《农家高茶》（*Living off the Fat of the Land*），Thomas Unwins 绘。丰盛的餐食包括火腿、芝士、自家烘焙的面包。农夫的妻子正在往茶壶里添加茶叶，她身边的老妇人正在用茶碟饮茶。

一席亚麻白桌布，摆满了各种有机农家食品，简单却新鲜得让人垂涎欲滴，让户外劳动的农民们胃口大开。

厚重的咖啡色土陶大茶壶倒出浓艳的茶汤，浓厚之程度可以"让一只老鼠在茶汤上跑过而不下沉"（to trot a mouse on）。夕阳下，农民们分享一整条烟熏火腿和大块的农场芝士。配餐包括一大碟有机番茄、大把的西洋菜、罐装虾仁和腌鱼、炒鸡蛋、面包配牛油、各款果酱及蜂蜜。台子的另一边，摆满了三明治、刚出炉热烘烘的英式松饼，以及布满干果和燕麦的农家新鲜奶油蛋糕。

这朴素而丰富、喧闹而欢乐的高茶餐桌上并没有精心装饰的漂亮的水果挞、巧克力慕斯和小巧可爱的马卡龙；没有捏着精致茶杯把手的芊芊玉指；没有纯银茶壶和精美瓷器；当然，也没有低声客套的社交寒暄。

这边厢，伦敦市中心的丽兹酒店（The Ritz）的下午茶展现出另外一种景象。下午茶在与酒店大堂分开的棕榈厅（Palm Court）举行，这里没有时钟，虽然透过远处的旋转门可以窥见皮卡地里街（Piccadilly，伦敦主要街道之一）上飞驰的出租车和公共汽车，但这里给人一种远离尘嚣的度假感觉。

丽兹的下午茶在闪亮精致的茶器中慢慢铺开。喝茶的人们悠闲地坐在枣红色路易十六的古董椅子和大理石台前，小口轻啜大吉岭或英式伯爵茶。从琳琅满目的三层蛋糕架最底层的手指三明治开始，这 6 种口味的三明治是：火腿、鸡肉、吞拿鱼、鸡蛋沙律、小黄瓜和熏三文鱼。三明治由白面包和全麦面包做成，啡白相间，健康味美。中间一层的英式松饼是等客人用完三明治才上桌，以确保温热可口。最上层的甜品是清新的法式诱惑。精巧的点心造型唯美，奶香浓郁，口感丰富。薄脆的巧克力糖衣、绵甜的奶油夹心、冰凉清甜的水果薄片在口中巧妙地结合，这是舌尖上的英国。

高茶、低茶、下午茶，你喝懂了吗？

下午茶摆台艺术

有茶，就有希望。

——亚瑟·皮内罗

英国剧作家

❧

Where there's tea there's hope.

—Arthur W. Pinero

ENGLISH PLAYWRIGHT

贝蒂茶室的下午茶。

下午茶，英文又叫低茶，是区别于乡村农家的"高茶"而言。传统英式下午茶的客人坐在矮脚沙发上，沙发旁边则安放低矮的茶几，用来摆放茶具和点心。

19世纪的小型家庭下午茶会上，每个客人都有自己的小茶桌，仆人上茶之前要确保女主人身边也有一张茶桌，通常都由女主人给客人分茶。客人们自然围坐一圈，可以轻松地传递物品。女主人身边的茶桌上摆有茶盘，内置热水壶、茶壶、奶罐、糖罐、杯子、碟子、茶勺、茶叶罐和一小盘切得很薄的柠檬片。当时，还有一种小型手推车，可以把所有必需品放在小推车上，然后将其推入房间，放在方便的角落。如果是大型的茶会，则通常采用长条茶桌，仆人们站在客人身后分配茶饮。

正统的英式下午茶摆设亮丽优雅，对于茶桌的布置、装饰都非常讲究。所用器具须选用上好的骨瓷和银器，包括：茶壶、茶杯、茶匙、茶刀、蛋糕叉、茶碟、（装点心用的）7寸个人点心盘、糖罐、糖夹、奶盅、餐巾、茶滤、放置茶滤的小碗、茶渣碗、共用的三明治盘和点心架。

茶台通常铺设白色桌布，亦可选用复古的刺绣和蕾丝花边台布。台布一定要洁白平整。客人正前方摆放个人点心盘，餐巾折好放在点心盘中央；右手边依次放置蛋糕叉、茶刀；茶杯置于茶碟上，位于客人的右前方，杯把手向右侧摆放；茶匙呈45度角置于茶碟右侧；茶壶、奶盅、糖罐、糖夹、带底碗的茶滤置于茶台中间，三层点心架放置在客人点心盘正前方。在特别时节，还会配香槟酒。茶台可用鲜花、蜡烛等装饰，提升优雅的氛围。

其实点心架的使用是因为桌面空间有限，不能摊开摆放所有物品，所以用点心架节省空间。如果空间允许，也可以不用蛋糕架，各式点心摆放开来也是可以的。

一切准备妥当，再播放轻盈优美的背景音乐，优雅的气氛、庄严的仪式感即刻营造出来。

杯碟错乱

喝茶，我从不嫌杯子大；读书，我从不嫌书长。

—— C. S. 路易斯

英国文学家

❦

You can't get a cup of tea big enough or a book long
enough to suit me.

— C. S. Lewis

ENGLISH WRITER

众所周知，英式茶具，一杯一碟构成基本一套。然而，英式茶具外形和功能的演变独具历史特色，鲜为人知。最奇怪的是，那时不用茶碗（茶杯）来喝茶，却用茶碟来喝茶。那么这错乱了的茶碗（茶杯）和茶碟的功能到底是怎么一回事？

中英两个饮茶大国的茶杯大不同，外形相差甚远。英式茶杯容量大、口宽、有把手，有些杯体还富有曲线。而中式茶杯在英文叫做"茶碗"（tea bowl），因为没有手柄，所以不叫"杯"。

其实，最早英国人都是用中式小茶碗的，那么什么时候茶碗长出了手柄？下面又多了一个碟子？

18 世纪初期，精巧的中式茶碗颇受推崇。在安妮女王统治期间（1702-1714），贵族太太们常常在川宁（Twinings）先生的德弗罗庭院（Devereux Court）的茶馆里聚会，就是为了使用小号中式茶碗享受沁人心脾的琼浆玉露。后来，到了 18 世纪末期，茶在早餐代替了麦芽酒和啤酒，人们发觉小型茶碗太小，开始偏爱使用较大的茶碗泡茶。英国人爱喝大碗茶的感觉，大茶碗既能饮茶又能喝粥，英式茶杯开始慢慢有了自己的特色。

后来英国"牛乳酒杯"（posset cup，也叫"双耳奶杯"）的手柄被改装到东方茶碗上。这种高身直筒型酒杯用来盛放热饮料，两侧各设计一个手柄，使手指不被烫伤。

茶碟又是怎么一回事？据说茶碟也源自于中国。相传唐代四川节度使崔宁的女儿发现用手端茶杯太烫，于是就请当地的一位陶艺家设计了一个可以放置茶杯的茶托。早期成批传入欧洲的就是成套的茶碗和茶碟。但是，英式茶杯和茶碟的用法可能会让你大跌眼镜！

"于是他开始吃早餐，沏茶……他又起咸肉放在火上烤，让肉油滴在面包上，然后把薄片咸肉放在厚厚的面包上，用一把折刀一块块切着吃，把茶倒在小碟子里喝，这时，他快活了。"（《儿子与情人》，劳伦斯 著，陈良廷、刘文澜译，外国文学出版社，1987 年）。

英国著名小说家劳伦斯（D. H. Lawrence）的长篇小说《儿子与情人》（*Sons and Lovers*）发表于 1913 年，其中对矿工莫雷尔喝茶的动作有一些耐人寻味的描写。

《喝咖啡的妇人》（*The Woman Taking Coffee*），Louis Marin Bonnet 于 1774 年绘。图中贵妇人正将热咖啡倒入碟中冷却。在 18 世纪，人们也如此喝茶。

他还写道："莫雷尔拖着疲倦的身躯回到家，问妻子有没有给劳累了一天的人准备了酒，他太太回答说家里的酒早就被你喝光了，要喝的话，只有水和茶。莫雷尔的太太给他倒茶……他把茶倒在茶碟上，吹吹凉，隔着乌黑的大胡子，一口喝干，喝完又叹口气。随后他又倒了一茶碟，把茶杯放在桌子上。"矿工莫雷尔总是先把茶杯里的茶倒进茶碟里，然后用茶碟喝茶。茶碟除了放置茶杯之外居然还可以用来喝茶，这着实令人匪夷所思。

欧洲人普遍怕烫，不喜欢太烫的食品，也不能喝太烫的饮料。于是，他们就把很烫的茶倒在茶碟中加以冷却，然后直接从茶碟中啜饮。这样的喝茶方法大概是荷兰人发明的，曾经是一种高雅的举止，在贵妇们中流行。

1701 年在阿姆斯特丹上演的喜剧《茶迷贵妇人》对贵妇人的饮茶举止有生动的描写。在下午茶会上，女主人亲自泡好茶，倒入茶杯，依次递给客人。客人们依照自己的喜好加入番红花和糖，用茶匙搅拌后，把茶倒入茶碟里啜饮，还不时地发出啧啧的啜饮声，以示对女主人的感谢与欣赏。

那时，茶壶是泡茶工具，茶杯和茶匙是调茶器具，茶碟是凉茶和啜茶的器皿。在当时的荷兰上层社会，这种从茶碟中啜饮调和好的茶是符合饮茶礼仪的高雅举止。这种举止传到英国，成了英国上流社会的茶桌礼仪，并随着饮茶的普及而逐渐渗透到下层平民中。后来，英国人发明了有手柄的茶杯，这种饮茶习惯依然盛行，于是 18 到 19 世纪之间出产一种内部较深的陶瓷茶碟。

狄更斯（Charles Dickens）的《博兹特写集》（*Sketches by Boz*）形象地描写伦敦街头的市民生活场景。在其 1836 年第一版的书里，著名画家克鲁克香克（George Cruickshank）绘制的插画中，有一幅是描绘一名男子在清晨的路边小吃摊喝茶的情景。那个头戴礼帽，身穿燕尾服的男子左手拿着茶杯，右手把茶碟送到嘴边喝茶。英国维多利亚时代的一些收入较低的上班族家中没有厨房，早晚餐都在街头的饮食摊解决。克鲁克香克的插画抓住了上班族在街头吃早餐、喝茶的艺术瞬间。虽然境遇不佳，在街头饮茶的绅士也不忘茶桌礼仪。

英国作家艾米莉·勃朗特（Emily Brontë）在《呼啸山庄》（*Wuthering Heights*，1847 年）中也曾描写艾德格把茶倒进自己茶碟

作者收藏的英式茶具。

里的动作，以及凯瑟琳端着她的茶碟给小表弟喂茶的情景。这表明，用茶碟喝茶的礼仪一直延续到 19 世纪后期。

然而，到 20 世纪中期，茶碟喝茶以及喝茶时发出啜饮声又被英国人视为缺乏教养的下等人行为。英国著名作家乔治·奥威尔（George Orwell）在英国广播公司（BBC）工作时有用茶碟喝茶的习惯，还会发出啧啧的声音，这引起了当时同事的反感。他曾在 1946 年发表一篇《泡一杯好茶》（"A Nice Cup of Tea"）的文章中谈论"围绕着茶壶的神秘社会礼貌问题"时，质问到："为什么把茶倒进茶碟中喝是粗野的？"

现在的英国，茶杯就是用来喝茶，茶碟盛放茶杯，喝茶的时候不发出声音是普遍的社交礼仪准则。英国人对于喝茶这件事似乎缺乏探究的热情，对历史也不大了解。下午茶店的老板娘热衷搜罗古董下午茶具，当我拿起一个颇深的茶碟，询问她是否知道这个茶碟可以用来喝茶时，她惊讶地摇摇头，表示真是闻所未闻。

第二章

Legends of English Tea
英国茶传奇

茶叶，改变英国

为一个国家作出的最伟大的贡献就是赋予
其一种有用的植物。

——托马斯·杰斐逊

美国第三任总统

The greatest service which can be rendered to any
country is to add a useful plant to its culture.

—Thomas Jefferson

THE 3RD PRESIDENT OF THE UNITED STATES

托马斯·杰斐逊的这句话最适用于茶叶和英国。茶叶与英国的关系是双向的、互相改变的关系。维多利亚时代（Victorian era, 1837-1901）的英国改变了世界茶叶地理，而茶叶也彻底改变了英国的资本和经济体系。

在这一章，我们来探索在这个过程中发生的那些惊人的传奇故事。这其中，以福琼制造的迄今为世人所知的最大一起商业机密盗窃案最令人称奇；1866年环球航海运茶大赛的惊险程度也令人拍案；达尔文的祖父韦奇伍德开创的英国"官窑"则是一部不折不扣的励志传奇；而老茶店川宁和福南梅森屹立伦敦街头300年的秘密，以及英国第一茶人简·佩蒂格鲁与茶的故事，都给我们带来无穷的灵感与激励。

19世纪中期，与糖、咖啡、烟草和鸦片地位相若的茶叶俨然跻身于世界产量最高、最畅销的日用品行列。虽然英国的工业革命并非开始于茶叶的普及，但是随着印度茶叶的出现，茶叶价格大大降低。它不但成为经济发展的动力，大大加快了英国的工业化进程，也彻底改变了英国的资本和经济体系。当大英帝国的版图扩展到南亚、东非等适合种植茶叶的地区时，就在当地大力发展茶叶种植业，茶叶作为英国殖民地扩张的工具，其影响力迅速扩散。做为糖的最佳伴侣，茶叶的影响力还拓展到了加勒比海和南太平洋一带的殖民地。

凭借与东方的贸易，茶叶滋养着日不落帝国的血脉。英国的经济飞速发展，一个人口稀疏的区区岛国能够在全球长达两个世纪中确立并维持英镑巨大的影响力，这堪称一个奇迹。

茶叶大盗

印度虽然曾经发现野生阿萨姆茶树，但制成的茶叶苦涩难当，饮用价值极低。当茶叶大盗罗伯特·福琼（Robert Fortune）把中国优质茶种带到印度后，与当地野生阿萨姆茶种杂交，培育出号称"世界茶叶之王"的大吉岭红茶。这种甘甜醇美、散发着花果香的新品种打破了中国茶叶供应的垄断地位。自此，中国茶在西方的地位一落千丈，至今也未能翻身。福琼靠吊着一根假辫子和一把生了锈的手枪深入中国大陆盗窃茶种的冒险故事，至今还被津津乐道。

海上运输

对于茶叶的需求加快了海上运输的发展。在茶叶贸易之初的两百年间，东印度公司垄断远东商业贸易。笨重臃肿的"东印度人"船只，效率极其低下，新茶通常要经过九个月到一年的时间才能从广州到达伦敦，原本质量上乘的优质茶叶抵达英国后变成过期陈茶，质量一落千丈。

1834 年，东印度公司对华贸易垄断终结，新的贸易公司不断涌现，为了抢先在茶叶贸易市场中分得一杯羹，造船工艺突飞猛进，结构更精密、速度更快的帆船出现了。

1849 年，《航海条例》（*The Navigation Acts*）撤销后，美国船只得以出入中国。美国人的流线形舰船往返纽约和广州之间只需不到 100 天，他们能够赶在英国船前头到达英国码头，卸下一箱箱中国茶。英国的船舶设计师们不得不挑战波士顿，大幅改进船体，削减船头，桅杆倾斜化。短短 20 年间，舰船航速得到突破性提高，茶叶运输的时间大大缩短。新式横帆三桅运茶快船"飞剪式帆船"（Clipper）诞生了。海上运茶大赛把茶叶贸易变成了具观赏价值的体育运动。1866 年的环球航海运茶大赛是航海历史的最高峰，被称为航海的"黄金年代"。

1869 年，苏伊士运河启用，蒸汽轮船代替帆船，速度提升一倍，因茶叶运输而衍生的航海技术革命告一段落。

瓷器工业

茶叶消费的普及、对坚固耐用的瓷器的需求，带动了英国瓷器工业的发展。欧洲黏土缺少瓷土所需要的必要元素，在低温烧制下制成的陶器容易破裂，粗糙笨重，质量欠佳。而中国瓷器以高温烧制，表面覆盖透明的釉，质地坚固白皙，美观耐用。英国能够制造出像中国瓷那样的优质瓷器吗？

18 世纪初期，瓷器秘方被破解之后，借助于英国机械化转型的时机，瓷器加工产业诞生了。除了配方秘诀之外，中国艺术风格也在西方广为流传。垂柳宝塔、小桥流水、长袍妇人和恬静庭院这些东方浪漫情调，深深影响着早期英国的瓷器设计。

乔赛亚·韦奇伍德（Josiah Wedgwood）是最早一批拓展瓷器改良工艺的陶瓷艺术家之一。韦奇伍德的骨瓷见证了中国瓷器在西方发扬光大，逐渐走出欧洲独特的风格。拥有250年历史的韦奇伍德被誉为英国的"官窑"，一直被全球知名人士和社会名流热烈追捧，其品牌奋斗史更是一部励志传奇。

改变生活

在饮茶之风还未盛行的早期英国，人们依靠饮用酒精这样的发酵饮料清除寄生虫、提神醒脑和增加热量来源。然而到了18世纪，啤酒的生产消耗了英国将近一半的小麦收成，这与保证迅速增长人口的粮食供应产生了矛盾。加了糖和牛奶的茶，不但为大不列颠的人们提供了便捷价廉并营养丰富的能量来源，还为女王陛下新大陆殖民地的糖产业找到了稳定的消耗管道。

茶叶贸易的竞争促使茶叶价格降低和质量提高；以茶代酒，给城市化进展迅速的英国带来了巨大益处。沸水冲茶，净化了饮用水，从而预防水源性传染病，保护了全民的健康；工人们有了提神醒脑的新饮料，有助于集中精力完成工作，不必再有喝醉酒的风险；婴儿们不再受酒精的影响，婴儿死亡率降低了，全民免疫力提升了。

17世纪中期在英国上流社会兴起的下午茶，到19世纪中期逐渐演变成一种大众仪式。英式下午茶文化以其优雅著称，风靡全世界。下午四点的钟声一敲响，就开启了一段享受生活的时光——

这是家人亲密闲谈的时光，是朋友之间探访相聚的时光，也是繁忙工作中的休憩时光。

从最基本的能量来源到优雅的下午茶文化，茶叶彻底改变了英国人的生活。在全民饮茶风行了 300 年后的今天，屹立在伦敦街头的川宁、福南梅森等老茶店历久弥新，生意依旧红红火火。

在这个世界居首的饮茶大国，还有像简·佩蒂格鲁这样的茶人，写了 17 本茶书，成立了英国茶学院，被茶改变了命运。

茶叶大盗

让茶代替战争。

——蒙提巨蟒

英国表演团体

✤

Make tea, not war.

—Monty Python

BRITISH COMEDY GROUP

1848 年秋天，一艘破旧不堪的小舢舨停泊在上海附近的一条散发着恶臭的运河里。这艘其貌不扬、无人留意的小船里搭载的乘客却非同寻常。

一个身材高大、高鼻子深眼窝的异族人，忍受着脖子以上的疼痛。他的中国仆人正用马鬃在他头上编织着，随着那根钝锈长针的上下穿梭，一根乌黑粗糙的长辫垂到腰间。辫子弄妥当后，这个苦力又拿出一把生锈的剃刀在他的头皮上刮起来，没刮几下，就流下血来。这个吊着假辫子、宽大的中式袍子里揣着一把生锈的手枪、模样怪异的老外，即将开始他在中国的冒险盗窃之旅。他处处小心翼翼，用笨拙的中文解释道："我是外省人，来自长城的另一边。"

他就是罗伯特·福琼，一个肩负着大英帝国希望之人，一个园艺师，一个植物猎人，一个窃贼，一个制造了人类有史以来最重大的商业机密窃案的商业间谍。

19 世纪 30 年代，英国和中国的茶叶和鸦片的交换贸易进行得如火如荼。英国政府依靠在中国倾销鸦片赚到的白银购买茶叶，而中国则用销售茶叶获得的白银来购买鸦片。这两种植物产品对于两个国家来说都是非同小可的"必需品"。"绿色黄金"置换黑色毒品，这种耻辱性经贸带着与生俱来的不稳定基因。女王陛下的臣子们提前嗅到了危机的气息：中国如果将鸦片种植合法化，就会给大英帝国带来不能承受之痛。于是当时的印度总督亨利·哈丁（Henry Hardinge）建议：尽可能鼓励在印度进行茶叶种植。

要把茶树移植到印度，谈何容易。在航海运输的年代，从闭关自守的中国获取成千上万最优质的茶种和茶苗，并成功运到印度，似乎是不可能完成的任务。另外，找到并偷运身怀绝技的中国制茶师傅也是难上加难。

这不可能完成的任务就交给了福琼——那个揣着手枪、怪模怪样、说着蹩脚中文的"外省人"。

违反皇帝"禁止外国人访问任何一处茶叶种植区"的禁令，步入动乱连连的乡间，福琼的盗窃之旅步步惊心，充满危机。他曾因水土不服，高热不退，奄奄一息；也曾有过单靠一把手枪击退海盗的惊险遭遇；还曾在暴雨中流落旷野，面对行李标本散落在泥水中的无奈窘况。

然而，他的旅行更充满趣味和温情。他和他的中国仆人斗智斗勇又惺惺相惜；他住在摇摇欲坠的松萝山农户家，惊奇地发现那里的农民都是诗人；他曾向中国茶种商人打探保存茶种的白色灰状物质，答案是让人啼笑皆非的"虱子灰"（中国口音说英文，把rice说成lice，其实是"米烧成的灰"）；他曾慨叹英伦三岛的任何一座高山都无法与武夷山的气魄相比；他又渴又累时喝下盛在袖珍杯子中、散发着兰花香气的乌龙茶，顿时心生感激之情；他甚至发现，曾被他形容成"剧毒"的中国酒喝起来也有点像法国葡萄酒般令人惬意。当他接受武夷山寺庙方丈馈赠的珍贵的茶树和茶花时，当他扶起向他行叩首礼的老和尚时，他在两年的偷窃活动中第一次受到良心谴责，"差点失去重心摔倒在地"。

福琼的中国之行收获累累。他不但学到丰富的茶叶种植技术，还解决了有关红茶和绿茶是否属于同一样本的迷思。当时英国人为了这个问题争论不休，林奈学会（Linnean Society）认为绿茶和红茶采自不同的茶树，而且来自不同的种植区。上好的绿茶来自中国北方，而高档的红茶则产自中国南方。福琼拜访完传统绿茶产地浙江省和安徽省，以及红茶之乡武夷山之后，推翻林奈学会对茶叶的分类法，得出结论：绿茶和红茶源于同一种植物，只是加工方式不同而已。

在植物迁移的运输技术环节，福琼利用沃德箱（Wardian case）运输活体植物和种子，是对全球植物迁移计划的革命性推动。第一批茶树种子被装进帆布袋子或装在与干燥的泥土混合的箱子里。但是所有种子在抵达印度后，没有一颗可以发芽。第一批成千上万的茶树幼苗运抵喜马拉雅山后，也仅有几十株存活。整个计划彻底失败，福琼整整一年的千辛万苦，到头来，只是个零。危难中的福琼没有被失败打倒，却积极发挥创意思维。他用4英尺 × 6英尺的玻璃箱装载桑树苗和大红袍种子，茶种躺在湿润的泥土中，凭着沃德箱的保护，获得充足的阳光和水分，在前往加尔各答的旅途中尽情发芽成长。在抵达目的地时，所有种子都长成了健健康康的茶树苗，数量之多，数不胜数。这些茁壮的茶树苗在喜马拉雅山的肥沃土地上焕发新的生机。

在茶叶加工方面，福琼也是功不可没。福琼深知，把优质鲜叶加工成上等茶叶，靠的是中国成百上千年积累的上乘制茶技术。他所雇用的制茶师都是茶农的儿子，确保拥有世代相传的制茶手艺。制茶师们获签条件丰厚的合同，远离故土和亲人，踏上陌生的印度土地。福琼由心地尊敬这些专业制茶师，尽可能在各个方面帮助他们。这为印度能够成功出产并制出世界级优质茶叶提供了又一层保障。

福琼从中国搜集了成千上万的茶树苗和茶种，成功通过改良沃德箱抵达印度。那些树苗长得生机勃勃，无数茶种处于健康的萌芽阶段。这些茶种与当地土生的阿萨姆茶种杂交，孕育出的茶叶富有浓郁的花果香气，味道甘甜醇美，是未来的世界茶叶之王。虽然我们还无从考证第一批茶树在大吉岭生根发芽的确切日期，但可以肯定的是，它们一定来自福琼的沃德箱。现今，大吉岭出产的红茶花香馥郁、口感香醇，堪称茶中极品。头采春茶更是拍卖会上的宠儿，被疯狂抢购，价格屡创新高。

值得一提的是，福琼的中国猎茶之行还有另外一个惊人发现。他在参观工厂时，发现制茶工人的手指是古怪的蓝色。当时，伦敦就有中国茶叶存在造假的传言。他们怀疑中国人为了牟取暴利，把树枝和锯末子掺进茶叶以增加重量；还有的把冲泡过的茶叶回收晒干，再次出售给"洋鬼子"们。原本就岌岌可危的商业信誉，在福琼的新发现下，彻底崩溃。工人们用一种应用于油画颜料中的化学物质——普鲁士蓝给茶叶上色。这种氰化物轻则使人头晕眼花，意识模糊；重则可以导致昏迷猝死。他还发现，在炭火焙茶的地方，有人继续把明黄色的石膏粉加入茶叶中。这种物质也是毒药，不但刺激人的眼睛和喉咙，也可导致恶心反胃、影响呼吸，长期使用会导致记忆力衰退、头疼易怒、孕妇流产和阻碍儿童成长。

中国那些卖给洋人的茶叶整齐漂亮、碧绿鲜亮，原来秘诀却是每一百磅茶叶中混合超过半磅的普鲁士蓝和石膏粉。福琼把毒染料偷偷带出工厂，把这毒害大英帝国臣民的东西带回英国，并在1851年的伦敦世博会上向全世界公布。这不但使英国人摒弃绿茶只喝红茶，还更加坚定了英国自行种植加工茶叶的决心。这使得中国茶在西方的地位一落千丈，也预示着中国茶叶在和印度茶叶的对抗中将一败涂地，而且在之后的300年也不得翻身。

即使在现今社会，福琼的做法仍会被定义为违法的商业间谍活动。然而，我们不得不承认，罗伯特·福琼是一个优秀的植物学家和植物猎人。他勇敢、坚定、勤奋，富有同情心。他永远改变了西方人的早餐结构，也打破了中国的茶叶垄断地位。其实，在现代社会，任何形式的垄断都终将被打破，但如何在竞争中生存，赶超对手并持续保持领先地位，是我们需要思考的课题。中国茶产业能否从300年前的悲剧中吸取教训，能否在世界重新确立商业信誉，能否再次风靡全世界，我们这一代茶人能够回答吗？

环球海上运茶大赛

真相就在茶碗里。

——南坊宗启

千利休弟子

The Truth lies in a bowl of tea.

—Nambo Sokei

SEN RIKYU'S DISCIPLE

《瞪羚号和太平号，中国茶叶飞剪式帆船比赛》（*Ariel & Taeping, China Tea Clippers Race*），Jack Spurling 于 1926 年绘。

1866 年 5 月，福州港城迎来了初夏，热烘烘的空气中混合着海风的咸腥和茶叶的清香。头春新茶上市了。来自闽江上游的武夷红茶、福州茉莉花茶、闽南乌龙和其他省份的各种茶类在这里汇聚。茶是最受瞩目的商业范畴，中国是唯一的茶叶来源。这些"绿色黄金"迎接来自世界各地的商人、水手。商人们疯狂收购茶叶，水手们全力以赴地做好远航的准备，张挂着雪白风帆的 11 艘巨型运茶飞剪式帆船，将从福州港罗星塔下启航，向伦敦飞驰。

一百五十年前那场壮烈的运茶航海大赛，举世无双，其激烈程度恐怕只有奥林匹克竞赛可以与之媲美。1866 年 5 月 28 日，始于福州港的这场运茶大赛吸引了全世界媒体的目光。这些以速度著称、船体狭长呈细流线形、桅杆高耸、可悬挂将近 40 张帆布的飞剪式帆船，映着蓝天白云，蓄势待发。

茶叶在传统上是通过广东，多数经过香港，被送往西方国家。东印度公司自从 1600 年成立后的大约两个多世纪，垄断了中国茶叶的进口权。随着 1833 年贸易自由化后，东印度公司失去了独家经营的特权。而 1849 年航海法的废除，更使茶叶贸易的国际竞争呈白热化。这时如何抢先把中国茶叶运送到英国成为竞争焦点。速度决定价格，最先到达的船不仅可以得到丰厚奖赏，所运回的茶叶卖价往往是其他船的两倍。

美国为了在激烈的茶叶贸易中抢占先机，于 1830 年代发明了一种三桅杆快速帆船。这种船空心船首，船身狭窄瘦削，整体姿态优雅轻巧，几乎贴着水面航行，长而尖的曲线剪刀形首柱劈风斩浪，大大减少阻力，得名"飞剪式帆船"。美国商人组建飞剪式帆船队，大规模抢占世界海洋贸易份额，茶叶开始直接从福建运往世界各地，对英国造成了极大的威胁。1850 年 12 月 3 日，美国飞剪式帆船东方号从香港到达伦敦，以 97 天的航行速度打破以往纪录，震惊了大不列颠。只有拥有这些最高速和最时尚的船队，才能彰显大英帝国的航海实力。英国商人不得不对现有的陈旧船队做出大规模改革，也积极组建了自己的飞剪式帆船队。

这一次的比赛云集速度最快、最漂亮的飞剪式帆船，谁能第一个把中国的春茶运到伦敦，谁就能赢得伦敦茶叶商人承诺的每吨茶叶多 10 先令的溢价。这些外形优雅的飞剪式帆船由当时最

三兄弟飞剪式帆船（*Three Brothers*），Currier & Ives 于 1875 年绘。船有 2972 吨，是当时最大的飞剪式帆船（Clipper Ship）。

具航海经验的专业海员驾驶，将乘风破浪 16000 海里（航海上的长度单位），驶向大英帝国的首都，等待他们的是赢得巨额现金奖赏和留名青史的大好机会。这些船的名字，诸如太平号（TAEPING）、中国人、黑王子和火十字等被列在香港报章上，伦敦的媒体紧张地等待关于第一艘载着珍贵福建茶叶出发船只的电报新闻。

1866 年 5 月 24 日是伦敦和香港各大报刊媒体屏息凝气的日子。在距离福州市外 15 海里的闽江罗星塔下，飞剪式帆船的船员们焦急地等待着舢舨运送的新茶货柜的到达。随着茶叶的到来，负责装货的中外工人们分秒必争地忙碌起来，水手们忙完准备工作也主动加入搬运茶叶的队伍中。就像方程式赛车比赛一样，装运茶叶是运茶大赛之前的重要环节，争分夺秒，期望能在运茶大赛中抢占先机。为了争取时间，工人们不分昼夜地轮流工作。初夏的夜晚，暑气退去，装载现场忙碌异常，英语、福州本地话、洋泾浜英语夹杂在一起，此起彼伏。清凉的晚风中弥漫着战前无形的硝烟和情绪高涨的工人、水手们的荷尔蒙气息。

划时代的环球海上运茶大赛一触即发。

环球帆船赛必定少不了狂热媒体的陪伴，每一艘飞剪式帆船上都驻扎了多名媒体记者，时刻准备着记录第一手新闻。在航海史上，只有美洲杯和奥林匹克竞赛能与这次环球航海大赛相媲美。

那时，最优秀的飞剪式帆船船长，虽然没有现在的奢华生活方式，但名气斐然，堪比现在的方程式赛车冠军种子选手。太平号的唐纳德·麦金农（Donald MacKinnon）1826 年出生于北苏格兰，拥有飞剪式帆船船长的典型履历。他是经验丰富的老水手，18 岁开始航海，23 岁荣获航海家证书。唐纳德的大儿子威廉在船上出世，因为身在大海，他错过了二儿子的出生和夭折（出生 7 周后）。

火十字号的船长理查德·罗宾逊（Richard Robinson）是 19 世纪多项航海大赛的赢家。而最令罗宾逊打怵的是由著名的约翰·摩尔威·奇（John Melville Keay）船长率领的新建的瞪羚号（ARIEL）。瞪羚号不仅吸引了奇的最强竞争对手的眼光，还激发了他从不为人所知的浪漫情怀。他曾经为他的这艘船写下无比浪漫的句子："对于每一个看见她的海员来说，瞪羚都是绝色的美人……在你

太平号船长唐纳德·麦金农

满足的目光里，你不可救药地爱上了她。"她是那么引人瞩目，以至于船运公司一致同意最先装载瞪羚号。装载几千个木箱里的120万磅重（约560吨）新茶率先登上瞪羚号，这意味着瞪羚号可以率先起锚。她还可以用仅有的几只蒸汽拖船帮助她驶出狭窄并容易搁浅的河出口，直奔中国南海。

火十字号的统帅罗宾逊出了名地好斗，他被瞪羚号提前启航激怒了，于是命令他的船马上出发，把所有文件抛在脑后不顾。《中国邮政报》描述道：火十字号在未签署任何文件的情况下私自离岸，甚至没有签货运提单。

斯瑞卡号的船长乔治·英尼斯（George Innes），是好几项比赛的优胜者，和另外一个苏格兰水手被誉为好酒量的独行侠。瞪羚号抢占了先机，让英尼斯船长愤怒到极点，命令所有船员不眠不休，奋力追赶进度。

然而，性急的罗宾逊绕过河弯时惊喜地发现，瞪羚号居然还未起锚，蒸汽拖船出了毛病！吃水浅的火十字号可以在浅滩航行，在船员们得意的嘲讽中，火十字号超过她的对手，扬长而去。当时，各艘船的船员们都下了大赌注，没有什么同情可言。排除了蒸汽船的故障后，瞪羚号终于在 12 小时后启航，随后的船只有太平号、斯瑞卡号，几天后，由拿斯福（Nutsford）船长率领的泰兴号也出发了。

去伦敦的竞赛开始了。

海浪不间断地疯狂拍打着船体，船员们在一连几个星期里经历着寒冷和酷暑的考验。大多数时候，他们都竭尽全力，不眠不休地工作，争取一点点的优势，那是成败的关键。

三桅飞剪式帆船，200 英尺高，全速行驶时达到 14 节（每小时航行 1 海里的速度叫做 1 节），全帆张开达 25000 平方英尺，甚是雄伟。这次航行，船的速度大大提高，船员们都是业内精英，航海科技在当时也有长足进步，这是一场史无前例的伟大竞赛。

对于奇、麦金农、罗宾逊和英尼斯来说，速度决不意味着单纯的体育竞争。当时，每艘船都载了几百万磅的新茶，这些茶到埠的价格是每吨 7 英镑，另有多重奖金和第一名到达的每吨 10 先令的溢价。

1866 年航海大赛中，飞剪式帆船的船长们几乎不能离开甲板，他们要竭尽全力，使出浑身解数来争取一点点的优势。

海上生活环境恶劣，船舱狭窄、潮湿，充满噪音和恶臭。船员们每天睡眠不超过四小时，船身不断摇晃，即使最有经验的海员也逃不脱晕船的困扰。

19 世纪，没有全球定位系统、雷达、无线电话和现代导航辅助，也没有在灾难时刻能够拯救他们的直升机。海员们除了必须忍受艰苦的海上生活之外，还要求全程高度精神集中，需要付出超强的体力和脑力。

导航是棘手的工作，图表上布满错误标注的礁石。整个六月里，为了让火十字号保持领先瞪羚号，罗宾逊不停咒骂他的船员。太平号和斯瑞卡号紧随其后，泰兴号也跟上来了。7 月 19 日，几艘领先的船只在互相看不见的情况下齐头并进。7 月底，太平号超过了火十字号。这些茶船在无边无际的大海上乘风破浪，奋勇前进，在经过印度洋的狂风暴雨洗礼后，损失惨重。瞪羚号甚至失去了两中桅、上桅和最上翼的横帆。7 月 27 日，在路过南大西洋的圣海伦娜岛时，风头十足的瞪羚号落后成了第四位。

然而，每艘船实际上相差无几。8 月份，从赤道向北穿越时，领先的船只变了好几次。9 月 6 日，领先的瞪羚号进入了英伦海峡。离开福州的第 99 天，奇看到右舷方向有一艘帆船。"第一直觉告诉我，那是太平号。"奇在他的一封信中写道。而且之后证实，那就是太平号。麦金农连夜追赶上来。两艘船的船员们在福州港一别之后，在刮着强劲西南风的英伦海峡再次相见。冤家路窄，他们各自拼了全力，利用每一寸风帆，让载着几百万磅福建茶叶的两艘飞剪式帆船一争高下。

快到英国时，瞪羚号与太平号并驾齐驱。排名如此接近，争夺如此激烈，在帆船大赛史上绝无仅有。关于两艘茶船在英伦海峡展开最后竞赛的新闻迅速传播，两艘船的最新动态成为英国举国上下最为关注的热点新闻。各大报章争相报导，《中国邮政报》对"激烈的海上争斗"展开了长篇报导。

瞪羚号船长奇在航海日记上写道："9 月 6 日早晨 5 点，看见太平号边走边发信号，我们必须赶在他们前面接上领港员。5 点 55 分，我们靠近领港员的小船……就在瞪羚号就要取胜时，太平号奋力直追，终于利用拖船优势反超瞪羚号，领先 20 分钟进入英国船坞。"虽然太平号险胜，但差距实在是太微乎其微了，最后双方的代理公司和所有者达成协议，平分每吨 10 先令的溢价奖励。

令人震惊的是，11 点 30 分，不到两个小时后，斯瑞卡号到达，争得了第三名。第二天傍晚，火十字号到达，屈居第四名，船长和船员们都羞愧难当。

奇在 10 月份又一次登上了报纸头条。他驾驶瞪羚号，顶着猛烈的东北季风离开伦敦，驶向香港，83 天到达，打破了世界纪录。罗宾逊从失望中站起来，驾驶最先进的新款飞剪式帆船莱斯洛特爵士号重新启航，继续他的航海竞赛生涯。与奇慷慨平分100英镑奖金的麦金农就没那么幸运了。到达伦敦几周之后，他的兄弟——一名飞剪式帆船船长，在艾伦·罗杰号沉船时失踪。10月11日，他在驾驶太平号开往上海，路过非洲大陆南岸时患病，死在回家的运输船上。年仅四十，葬于开普敦。

1866年太平号和瞪羚号在绕行地球四分之三的竞赛中，仅仅花了99天就到达伦敦，刷新了当时的世界航海纪录。整个西方社会都为这次环球海运竞赛沸腾了。这是英国历史上最后一次运茶比赛，也是航海热情的最高峰，被称为"航海黄金年代"。之后蒸汽船的出现终结了帆船时代，帆船时代的运茶大赛也在辉煌中落下了帷幕。

英国"官窑"——韦奇伍德（Wedgwood）

茶是有关生活艺术的宗教。

——冈仓天心

《茶之书》

Tea is a religion of the art of life.

— Okakura Tenshin

THE BOOK OF TEA

韦奇伍德雏菊系列（Daisy Tea Story）茶具套装

一席完美的英式下午茶，精致优雅的陶瓷茶具绝对是席上最引人注目的焦点。你可知道，有一种陶瓷下午茶具不但美得绝伦，还坚固得惊人，四只杯子可以托起一辆 15 五吨重的运土车；它被称为"世界上最精致的瓷器"，是"品味的代名词"；它让无数皇家贵族趋之若鹜。

它，来自西方。而其创办人则被誉为"英国陶瓷之父""工业革命最伟大的领袖之一"，还是《物种起源》（*On the Origin of Species*）作者达尔文的外祖父。

它就是来自英国的韦奇伍德，欧洲瓷器中的佼佼者。18 世纪，英国乔治三世派遣使节参访中国时，曾经赠送乾隆皇帝一套精致的韦奇伍德瓷器。乾隆皇帝对其精致细腻的彩绘，珠圆玉润的触感赞叹不已。

瓷器，曾是中国傲视全球的伟大发明，以至于在英文中"瓷器（china）"与"中国（China）"是同一个词。但是，18世纪初，当陶瓷的秘方被欧洲人破解之后，陶瓷在西方发扬光大，无论是陶还是瓷，都发展出欧洲独特的风格特点。骨瓷就是一个代表。骨瓷不但摆脱了普通瓷器易碎的缺点，坚固耐用，而且色泽光滑洁白，胎体玲珑剔透，保温性好。

韦奇伍德的骨瓷、陶器和纪念盘，不仅是皇家御用，也被收藏家视为宝物。创建于1759年，拥有二百五十多年历史的韦奇伍德，是英国的"官窑"，一直被全球知名人士及社会名流热烈追捧。它的盛名，正如同19世纪的大不列颠帝国，太阳永不落下。

韦奇伍德写下了中国之外的一段名瓷史。其创办人乔赛亚·韦奇伍德的传奇奋斗史更是一部励志的好典范。

传奇人物——乔赛亚·韦奇伍德

1730年，一个穷苦的制作陶器的工人家庭迎来了一个男婴。这个有着不幸童年的苦命男孩就是乔赛亚·韦奇伍德。他九岁那年，一家的经济支柱父亲去世了，年龄最大的哥哥挑起了家庭的重担。乔赛亚小小年纪就在家里的制碗作坊里学习拉坯制陶，天真无邪的年龄就饱尝人生的艰辛苦涩。

更不幸的是，他 16 岁那年被传染了致命的天花，虽然最终捡回一条命，但是这场大病使他落下右腿虚弱无力的毛病。恶运接踵而至，一次骑马意外中，他的右腿受伤，造成残疾，终生行动不便。

不过，"天将降大任于斯人也，必先苦其心志，劳其筋骨，饿其体肤……""塞翁失马，焉知非福"，也可能就是行动不便的机缘，让韦奇伍德可以潜心研究陶瓷技术，把全部精力专注于陶瓷工艺的科学研究上。

他的陶瓷技术日益精进，在当时受到陶瓷大师托马斯·威尔顿（Thomas Whieldon）欣赏。威尔顿主动与韦奇伍德合作，共同研究陶瓷的烧制技术。然而，不久之后，刻苦钻研的韦奇伍德在技术上超过了威尔顿，于是他有了自己独立办厂的想法。

努力不懈的发明家

1759 年，深思熟虑的韦奇伍德毅然回乡，成立了韦奇伍德陶瓷厂，专门生产自己设计的陶器。当时，他们生产一种外观洁白亮丽的白色陶瓷（creamware），价格却比一般的陶瓷便宜，很快就在市场上掀起抢购热潮。有些厂家买入这些白瓷之后再上釉加工，加印纹饰，转手卖去欧洲其他国家和美国。这样，韦奇伍德陶瓷在欧洲市场打响了第一炮。

1765 年，韦奇伍德瓷器受到英国王后夏洛特青睐，特许它为皇家御用精品，并准许它使用"女王御用"（Queen's Ware）的名号。

韦奇伍德浮雕玉石系列
（Jasperware）黑色花瓶

从此，韦奇伍德瓷器在皇室、贵族和上流社会崭露头角。

使得韦奇伍德瓷器名声大噪的一张订单来自俄国女皇凯萨琳二世。这张极具挑战的订单订了全套 952 件午茶、晚餐及点心等多用途乳白餐具套装。韦奇伍德工厂本着精益求精、大胆创新的精神，在每件瓷器上都绘上独一无二的英格兰乡村风景工笔画。总计 1244 幅美妙绝伦的图画，配以精美瓷器，使整套餐具成为举世无双的艺术品。自此，韦奇伍德的声望如日中天，欧洲包括法国和德国的许多工厂都纷纷效仿韦奇伍德，生产米白色陶瓷。

那时的乔赛亚·韦奇伍德虽然在事业上取得非凡成就，但仍然不辞辛劳地醉心于陶瓷技术与材质的研发。1774 年，其招牌产品"绿宝石"（Jasperware，浮雕玉石系列）系列诞生了。这其实是一种坚硬无气孔的粗陶器，并不像陶瓷那样光滑透亮。韦奇伍德发明了一个秘密配方，就是把绿宝石半宝石粉末加入陶土，使其在

韦奇伍德雏菊系列
茶杯茶碟

烧制出来后展现出一种美丽、内敛、不可言喻的色调。经过上万次实验，韦奇伍德才选择了一种蓝色，用这种蓝色陶瓷制作的瓷器有着神秘的蓝色调，既低调又不失奢华；既古典又极具现代气息，大获成功。这种蓝，被称为"韦奇伍德蓝"（Wedgwood Blue），也是英国瓷器的象征。其粉蓝招牌色也是从这个系列研发而来。除此之外，韦奇伍德还能烧制黑色、粉色、粉绿、粉黄等不同色调，创意超群的他聘请当时著名的雕刻家约翰·斐拉克曼（John Flaxman），将其创作的雕像和浮雕花样翻制在胎体。这些白色的装饰物与胎体本色形成强烈对比，立体效果惊人，华丽异常，赋予浮雕玉石系列非同寻常的艺术特色，件件作品都洋溢着浪漫与尊贵，皆为传世的艺术精品。

创新的脚步永不停止，1812 年，韦奇伍德首次推出精致耐用的骨瓷（bone china）餐具。骨瓷是指融合了 35% 以上的动物骨粉与球状黏土、高岭土制作而成。由于添加了骨粉，烧制难度随骨粉比例增加而增加，而韦奇伍德的动物骨粉则高达 51%，以拥有全世界最高动物骨粉含量为特征，色泽纯白、质地轻盈、手感温润、坚硬不易碎，具有良好的保温性以及透光性。自此，韦奇伍德的瓷器频频出现在举世闻名的各个重大场合。1902 年美国老罗斯福总统在白宫举行盛宴，1936 年玛丽皇后号豪华邮轮首航，1953 年英国伊丽莎白女王加冕，在这些著名的世界大典上，总少不了韦奇伍德瓷器。1988 年 9 月，韦奇伍德在一次茶品展示中，让 4 只骨瓷咖啡杯平稳地撑起了一辆重达 15 吨的运土车，堪称世界最坚固的瓷器。

品质卓越

韦奇伍德的产品价格昂贵，皆因其一直以手工制作为主，优质的材料、匠人细致入微的工序，都是机械化不能代替的。韦奇伍德的工匠需要经过长时间的严格培训，拉线 4 年、手工上釉 2 年、打粉 7 年、炼金 7 年，技艺高超的浮雕装饰也许得花上一生的时间。在一切机械化的今天，这种独具匠心的高品质产品标以昂贵的价格，的确合情合理。而且，韦奇伍德瓷器须专门订制和限量生产，更使其成了尊贵瓷器的代名词。

韦奇伍德的瓷器高贵细腻、风格简洁、艺术气息浓厚，设计走古典主义风。直到今天，众多设计精美的韦奇伍德产品依旧完美诠释着其品牌的传统内涵。《大英百科全书》（Encyclopedia Britannica）对被誉为"英国陶瓷之父"的韦奇伍德是这样评价的："对陶瓷制造的卓越研究、对原料的深入探讨、对劳动力的合理安排，以及

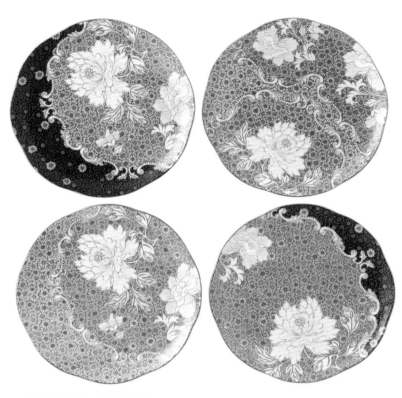

韦奇伍德雏菊系列 4 件套装点心碟

对商业组织的远见卓识，使他成为工业革命的伟大领袖之一。"

全球化的韦奇伍德

经过百年经营，韦奇伍德俨然成为精品餐瓷的代名词。其在餐瓷图纹设计上不断推陈出新，至今已有超过百种设计，既承袭了欧洲皇室优雅的历史特质，也加入了当代流行的元素，将传

统与创新融合一起，创造出各式受欢迎的花色。为了丰富商
品系列，1986 年韦奇伍德与爱尔兰水晶品牌 Waterford 合并，正
式成立 Waterford Wedgwood 集团，随后于 2005 年合并英国 Royal
Doulton（皇家道尔顿）品牌，每年的瓷器生产量占全英国瓷器
总量的 25%，女皇更曾十一度授予奖章，以表彰其对出口贸易的
贡献。

2009 年 3 月，韦奇伍德经过财务重组，由 KPS 私募股权公司
接手，于伦敦注册成立新公司 Waterford Wedgwood Royal Doulton
Holdings Limited（WWRD 控股公司）。WWRD 控股公司是全球奢
华家用与生活风格商品领导者，并以众多知名品牌在全球销售商
品，包括 Wedgwood、Waterford、Royal Doulton、Royal Albert、Minton
及 Johnson Brothers。在中国，各大城市的高档商场亦有它的专
柜，售价不菲。

两百多年的历史比起中国上千年的瓷器历史，实在是微不足道，
更何况西方早期使用的称得上是奢侈品的精美瓷器全部来自中国。

杜鹃系列的茶壶、
糖罐和奶罐。

然而，现在韦奇伍德反而成了国人的奢侈品，之所以能够被如此另眼相看，除了它显而易见的尊贵感外，关键在于它把奢华潜移默化地融入日常生活中，在尽情发挥想象力创造力时，不忘器皿的实用性，使其产品在艺术价值和生活之间得到完美的平衡。

最新系列 ～～～～～～～～～～～～～～～～～～～～～～～

Queen's Ware 系列

韦奇伍德的乳白瓷器是最早为其打开市场的独门发明，推出后更荣获英国皇室特许以"Queen's Ware"王后御用瓷器为名。韦奇伍德的这个系列缔造了多个绝美的艺术品。其代表之一就是古希腊神话人物阿里阿德涅的雕像。美丽的阿里阿德涅爱上了雅典英雄忒修斯，却在熟睡中被情人遗弃在纳克索斯岛。睡梦中的阿里阿德涅姿态优美动人，乳白色的光泽将她渲染得更加柔和温暖，厄运降临前的一刻，她是安详幸福的。韦奇伍德的乳白瓷纯洁朦胧，为整个雕像笼罩了一层淡淡的伤感，是众多阿里阿德涅古典艺术品中的上品。

Blues 系列

浮雕玉石，是韦奇伍德最具代表性、最重要的设计发明之一，被誉为继中国发明陶瓷之后的最重要、最杰出的陶瓷制造技术。这种无釉陶瓷最具代表性的颜色是被称为"韦奇伍德蓝"的粉蓝色。其图案为纯白色浮雕，工艺极其精细。当中一款蛇形把手宝瓶最早出现在 1787 年，瓶身刻绘的是"丘比特的献礼"。上身为花瓶，下身为四方基座，饰有四位分别掌管文学艺术、歌唱、舞蹈和叙事诗的女神，古典意味浓厚，温雅浪漫，寓意美好。

彩蝶恋花（Butterfly Bloom）系列

18 世纪红茶馆风行的英格兰，社交名媛惬意地消磨午后时光，享受一丝自由片刻。彩蝶恋花正是为了捕捉当代名媛顾盼风姿的社交风情而设计。唯美复古的花形图案饶有趣味地展现轻松写意的花园茶馆景象，非常适合忙碌生活中偶尔小小放纵、期待获得喘息空间的闲情雅士们，是一众挚友小聚片刻之最佳缤纷茶具组。

杜鹃（Cuckoo）系列

蝴蝶飞舞，花朵绽放，韦奇伍德春天礼赞系列推出"杜鹃"花色，运用 19 世纪"花鸟"设计图案，透过粉红色、绿色、蓝色和桃红色的灵活运用诠释春天的浪漫情怀。设计新颖明亮，高贵典雅，让人爱不释手。此款下午茶系列包括全套茶具，从茶壶、茶杯、碟子、茶罐，到茶漏及蛋糕架，应有尽有，是下午茶会吸引眼球的热门之选。

茶之花园（Tea Garden）系列

韦奇伍德的茶之花园系列是一个完整的茶饮概念。此系列选用精致骨瓷所制的茶具搭配玻璃器皿，为完美的沏茶和品茶时光做好最佳准备。四款不同花样设计的瓷器，每款包含优雅的一杯一碟和马克杯，皆巧妙对应一款取材天然、包装精美的特选风味茶种（薄荷绿、覆盆子、黑莓、柠檬姜）。茶具的花饰风格取自韦奇伍德逾250年的珍贵图案库，四款精挑细选的设计图案用瑰丽色彩描绘出大自然中的水果和奇花异草，令人愉悦。系列中还有采当代手法演绎的托盘，以及附有滤茶器、陶瓷盖子的玻璃茶壶。

川宁(Twinings)传奇

一杯简单的茶从不简单。

——玛丽·罗·海丝

美国作家

❧

A simple cup of tea is far from a simple matter.

—Mary Lou Heiss

伦敦川宁旗舰店入口

宁静优雅的泰晤士河穿过伦敦市区，向北蜿蜒，又向东延伸，泰晤士河两岸孕育了最古老的伦敦城区。在河北岸，坐落着伦敦最古老的茶店，具有 300 年历史的川宁茶店。

走在宽阔的街道上，放眼望去，寻找脑海中那个雍容典雅的川宁茶店，发现川宁的门脸极小，与其名扬四海的盛名相比，可真不算气派。白色门面，金色招牌，门顶上两个泥塑的清朝中国人和一个黄金大狮子格外引人注目。

走进狭窄、呈长条状的茶店，立刻被两旁厚重的木架上琳琅满目的茶叶所吸引。与其说这是一间茶店，倒不如说这是一个迷你茶博物馆。穿过来自世界各地的茶品，瞻仰挂在墙上的川宁家族画像；路过品茶吧，来到茶店最尽头的"川宁茶历史纪念馆"。这里陈列着早期英国茶具、手绘茶品传单、包装盒和各式精美茶罐等历史文物。三百年来的英国茶文化发展史展现在眼前，暗暗钦佩川宁品牌对茶的钻研和传承。

川宁家族早期从事纺织业，由于纺织业衰退，9 岁的托马斯·川宁（Thomas Twining）随家人移居到伦敦发展。怀有野心和梦想的托马斯长大后，毅然放弃了纺织业，立志要拥有自己的店铺。他向当时掌握英国贸易的东印度公司商人学习买卖技巧时接触到了来自东方的茶叶。他看准茶叶这一行，不断学习，为以后在茶叶生意上大展拳脚奠定了坚实的基础。

1706 年，托马斯在伦敦开设了"托马斯咖啡馆"，与伦敦金融城仅有一墙之隔。这里售卖最上等的茶叶，令皇室贵族们心驰神往，文人雅士们聚集在咖啡馆里品茶、聊天、做生意。当时常常有女士们乘着马车在店外等候（当时咖啡馆不允许女士入内），请马夫代劳购买名贵的茶叶。1717 年，托马斯买下隔壁店铺，改装成茶馆和咖啡馆，还售卖散装咖啡和茶，这个世界上第一个售卖散装咖啡和茶的商店，就是今天的川宁茶店——斯特兰德（Strand）216 号。川宁茶馆还成了贵族太太们聚会的热门场所，她们陶醉在午后用小巧中式茶碗品茶的美好时光中，因为这是唯一一家专为那些贵妇们提供品茶及买茶之所，附近其他的咖啡馆大都只有男士才可以光临。

经营得法的川宁深获英国皇室推崇，维多利亚女王、乔治五世、

托马斯·川宁像

爱德华七世、亚历山德拉王后等皇室成员对其极为青睐和赞赏。1837 年，维多利亚女王将第一张"皇室委任书"颁发给川宁，川宁茶被指定为皇家御用茶，一直沿袭至今。川宁更曾在 1972 年和 1977 年两次获得英女王伊丽莎白颁发的"出口产业奖励奖"，成为第一家被获准出口的茶公司，成功迈入世界文化市场。

"The world in your cup"是川宁的最好诠释。川宁从世界各地茶园采摘最新鲜的茶叶，采取严格的质量监控措施，保证茶叶的风味和质量始终如一。英国茶以混合茶和调味茶著称。每一个大品牌都有其独特的配方茶，川宁更是凭借 300 年的专业技艺造就了一系列极富创意的畅销经典茶款。其中，川宁经典伯爵茶就是最好的例子。它是川宁为格雷伯爵调配的一款茶，如今是闻名世界的

店内部"川宁茶历史纪念馆"一角

英国经典茶款。

伯爵茶的名字来自查尔斯·格雷（Charles Grey）——格雷伯爵二世于 1830 至 1834 年任英国威廉四世国王的首相。据说，他在任时，派往中国的一个外交使节因偶然救了一位中国清朝官员的命，这名官员为了感谢，赠与伯爵一种味道好闻的茶叶，这种特别的味道来自茶叶中加入的香柠檬油。格雷伯爵非常喜欢这种茶，就要求川宁公司为他调配。拜访伯爵的客人也很赞赏这种茶，并询问哪里可以买到，于是伯爵家族允许川宁公司公开销售这款茶。伯爵茶因此得名，并开始流行。

川宁的第三代经营者理查·川宁（Richard Twining）将家族事业推

川宁是世界上最古老的茶叶品牌，也是世界上最古老的茶叶公司。

上高峰。他利用他的社会影响力，成功说服英国政府大幅度降低茶叶税，使得茶叶价格大大降低。自此，喝茶再不只是皇家贵族的高端享受，普通民众也能喝得起。他还发展银行业务，当时许多人在川宁银行将支票直接兑换茶叶。川宁掀起的茶叶热潮持续了好几代，二次世界大战期间，伦敦市区遭受炮火猛烈轰炸，但在警报解除后，大家自行从川宁店中搬出桌椅，继续他们被炮火中断的下午茶。

在过去的三个世纪，位于斯特兰德的川宁茶店生意一直红红火火。川宁创办人的初衷一直未变——只卖最好的茶叶。现在，有超过 200 个品种的川宁茶在世界 115 个国家售卖，其始终如一的顶级品质和绝佳的口感深受全世界爱茶人的喜爱。

川宁，就是一个传奇。

获"皇家认证"的福南梅森
（Fortnum & Mason）

我喜欢茶赋予我的片刻休憩。

——阿鲁瓦利亚

印裔美籍设计师及演员

❧

I like the pause that tea allows.

— Waris Ahluwalia

SIKH AMERICAN DESIGNER AND ACTOR

一说到英国的冬天，你可能联想到又冷又湿，阴雨连绵；一讲到英国皇室，你一定想到奢侈华丽，高贵典雅；一说到茶，不由得想起英国政治家威廉·尤尔特·格莱斯顿男爵（William Ewart Gladstone，1809-1898）所写的一首诗：

当你寒冷时，茶会温暖你；	If you are cold, tea will warm you;
当你燥热时，茶会清凉你；	if you are too heated, it will cool you;
当你失意时，茶会鼓舞你；	if you are depressed, it will cheer you;
当你得意时，茶会平静你。	if you are excited, it will calm you.

你可想跟随凯特王妃逛逛她喜欢的商场，过一把时尚王妃购物瘾？你想不想跟着康瓦尔公爵夫人卡米拉到她最钟爱的茶叶店选购皇家茶？你是否期待坐在英女王喝茶的桌子边啜一杯伊丽莎白二世最爱的正宗英式下午茶？

别说不可能，因为位于伦敦市中心奢华的梅菲尔区（Mayfair）皮卡迪利（Piccadilly）181号的福南梅森，大门永远向世界各地的朋友敞开。

这里是英国皇室、贵族以及上流社会经常光顾的体验式购物天堂。福南梅森不仅有来自全球的顶级美食美酒、世界各地的优质茶叶，更有英国女王携凯特王妃揭幕的钻禧茶坊和五家高档餐厅。客人不仅可以在这里体验高档的英伦生活方式、品尝地道的皇家下午茶，还可以在商店挑选贵族风格的精美茶叶或礼品作为手信。在这里逛商店，你真有机会邂逅英女王、凯特王妃和康瓦尔公爵夫人卡米拉呢。

与皇室和茶叶的渊源

福南梅森、茶叶和皇室是怎样的关系？为什么英女王唯独钟情这里的茶叶？有什么理由抛离丽兹成为英女王最爱的下午茶店？一个百货商场，怎么就和皇室有了千丝万缕的联系？这其中的秘密和故事请听我慢慢给你道来。

在英国，茶和"福南梅森"这个名字交织在一起已经超过 3 个世纪。这个传奇故事开始于 1705 年休·梅森（Hugh Mason）在伦敦圣詹姆士广场一个不起眼的小商店。当时富有创业精神的威廉·福南（William Fortnum）是任职于英国安妮女王皇室（Queen Anne，1665-1714）的马夫。

任职马夫的福南可不是等闲之辈，他观察到当时皇室每晚都要更换新的蜡烛，而点过的上好的蜡烛还剩下一大半就被扔掉太可惜，于是萌发了售卖皇室废弃蜡烛的念头。在梅森家的一个小房间里，福南和梅森这对黄金搭档一拍即合。于是 1707 年售卖杂货的福南梅森百货公司诞生了。

而福南梅森和茶叶的深厚渊源，归功于福南一个当时在进口茶叶的东印度公司工作的表哥。与东印度公司的良好关系，为他们赢得了销售东方茶叶的机会，从而两个年轻人得以依靠茶叶建立起他们的梦想王国。从西方与远东开始贸易，到英国本土第一次收

获"皇家认证"的福南梅森（Fortnum & Mason）

获茶叶，福南梅森从世界各地采购、调配，致力于把最优质的茶叶提供给英国的消费者。

近150年来，福南梅森拥有多个"皇家认证"（Royal Warrant of Appointment），象征着品牌享有极好的商业信誉。在漫长的维多利亚女王统治时代，福南公司第一次得到皇家御用认证。1863年3月2日，公司被任命为威尔斯亲王的食品杂货供应商。直到现在，公司仍然为伊丽莎白二世提供食品杂货，为威尔斯亲王提供茶叶及食品杂货。

早期，珍贵的茶叶被运输到英国需要12至15个月。跨越半个地球把茶叶运输到目的地，沉重的关税，造成了茶叶只属于贵族享受的事实。到1707年，黑市的荷兰走私茶叶掺假严重，于是挑剔且遵纪守法的茶客们蜂拥而至，在福南梅森购买合法、有质量保证的茶叶。当时最畅销的就是专门为配合长途运输而制造、滋味醇厚而浓郁的红茶。

鸦片战争之后，从约1860年开始，英国85%的茶叶从印度和斯里兰卡进口，只有12%从中国进口。这个时期的茶叶又一度变得很贵。福南梅森凭借高品质的茶叶，拥有在这片土地上最富有的一群茶叶买家。中国茶进口锐减，变得很稀有，逐渐成为专业饮茶者选用的茶品，当时也只能在福南梅森买到。

今天的福南梅森还是皮卡迪利街头一道清新亮丽的风景。位于一楼豪华大厅的茶叶专区更是爱茶人的天堂。精美的茶叶罐里承载着来自世界各地不同产区的各种茶叶，每个罐子上都详细标注茶叶产地、级别和季节等信息。从中国大陆的祁门、龙井，到印度的大吉岭，斯里兰卡的锡兰，乃至中国台湾的冻顶乌龙；从经典混合茶、调味茶到产地茶、茶园茶，品种繁多，令人眼花缭乱。当你的选择障碍症发作时，一位身穿黑色得体西装的老先生会和蔼地询问你的口味偏好，他似乎知道每一种茶的背景和滋味，和这位资深导购攀谈几句，不但选择范围立刻缩小，还被他的优雅淡定、诙谐从容谈吐所折服。

308 年来，福南梅森一直都是伦敦中心最具历史意义和纪念价值的购物圣地。英国茶历史更与福南梅森的茶商历史紧密相连。福南梅森之所以长青不衰，在皮卡迪利成功屹立 300 年，归功于他们精益求精的商业理念。福南梅森致力于为全球顾客提供最美味的食物、最精美的礼物和最顶级的用餐体验。皮卡迪利 181 号的深厚文化底蕴、与皇室的悠久联系，以及完美的商品与服务，是其成功的秘诀。

曾经，这里是遥远国度的高质量茶叶在英国的落脚地，现今也是这个崇尚茶文化、茶叶消费大国见证完美茶汤的中心地带。要购买高品质茶叶，感受高尚优雅的英式下午茶，尊享舌尖上的英国，也还是非福南梅森莫属。

获"皇家认证"的福南梅森（Fortnum & Mason）

茶, 彻底改变了我的生活

——简·佩蒂格鲁

改变生活从每一天开始。

——约翰·麦斯威尔

美国作家

❧

You will never change your life until you
change something you do daily.

— John C. Maxwell

AMERICAN AUTHOR

简在中国体验采茶

"是秋天的熟果香，加上醇厚的碳火风味。"简端起刚刚泡好的炭焙乌龙说，"我喜欢这种丰富的层次感和华实的感觉。"炭焙乌龙茶是简最喜欢的茶品之一，也是她日常经常冲泡的一款茶。我品着这来自遥远中国的橙红透亮的茶汤，像她说的，品出了一种活力与风华的味道。

她亲切温婉，举手投足又透露着高贵优雅的迷人气质。如果有"世界第一茶夫人"，那非英国伦敦的简·佩蒂格鲁莫属。

简是英国著名茶叶专家、茶史学者、作家、英国茶业协会资深顾问和英国茶学院的课程总监，也曾担任《茶时光》杂志（TeaTime Magazine）特约编辑。她的最新著作《世界茶叶》荣获 2018 年世界茶叶博览会"出版书籍类——最佳产品奖"。2016 年，她被授予"茶叶生产和历史研究"英国王室奖牌，嘉奖其在茶产业和茶历史研究方面所做出的贡献。她还于 2014 及 2015 年相继在世界茶业颁奖典礼上获得"最佳茶教育者""最佳茶人"和"最佳健康推广"的奖项。目前，简已经出版了 17 本茶书，其中两本茶书被翻译成中文在国内发行。简在英国茶方面做出了卓越贡献，曾在中国中央电视台纪录频道《茶，一片树叶的故事》第五集"时间为茶而停下"中主持英国茶文化部分。

茶，彻底改变了我

"茶彻底改变了我的生活。如果茶没有找到我，我可能还是一个学校老师，可能从来不曾有机会游览那么多和茶有关的国家和地区。"她纤长睫毛下的褐色眼睛闪着光芒，"茶教我尊敬其他国家，带着开放的头脑和心去尊重各国文化。"

简的职业生涯前 12 年是在学校里做一名语言导师，教授法文、托福英文和 ESL（以英语为第二语言的）英文。1983 年，她和两个朋友买下伦敦西南部的一个五层楼建筑。当时三个人都不知道买下物业可以做什么。由于她们都热衷于烘焙，喜欢举办下午茶会，因此自然而然就想到开一家茶室。

但是，她们决计不开老式茶室，而要开一家风格时尚、传统之外有着独特艺术装饰的茶室。于是，三个人钻进古董店、旧货市场，发掘 1930 年代出品的各种瓷器和茶具。

1983 年夏天，充满个性和艺术风格的"茶时光"（Tea-Time Tea Shop）开业了。那时候的简对于茶一窍不通。她在一个传统的英国家庭长大，虽然从小就在家里享用早餐茶、下午茶和晚餐茶，但是并不知道茶从哪里来，对产茶国家和他们的茶文化一无所知，更从未想像二三十年后的今天，"英式下午茶"会在其他国家流行起来。

在经营茶店的第一年，简应邀撰写了第一本下午茶食谱，当中有不少是她的家庭配方。简的书和茶店的成功使她开始被伦敦一些酒店关注，并邀请她以顾问身分指导酒店的下午茶，务求在传统中创新，为传统英式下午茶注入新的生机。在经营"茶时光"6 年后，1989 年她决定离开茶店的工作，专注茶历史研究、写作和推广茶文化。于是，她的一系列新书接踵而来。她还担任《国际茶叶》（Tea International）的编辑，以及为纽约发行的咖啡和茶杂志 STIR 撰写专栏。

简对茶的热情、丰富的茶知识和教学经验，使她在茶界迅速崛起，一举成名。如今，简不但为英国和海外各种与茶相关的期刊杂志、电子杂志撰写文章，经常在各种茶业会议中分享报告，还是北美茶叶锦标赛评委，和美国拉斯维加斯一年一度的"世界茶叶博览会"常驻发言嘉宾。

英国茶学院，打开一扇世界之窗

简现在是英国茶学院的课程总监。英国茶学院是英国唯一一个颁发茶专业证书的学院。

简近年热衷于茶教育方面的工作，她说，在英国这样茶叶消费庞大的国家，真正懂得欣赏茶的人真的不多，大多数人还只是满足于传统的早餐茶包。

"今天早上还有媒体打电话来询问我对昨天发布的一款罐装'喷雾'茶的看法。"简微微皱起眉头，表情也严肃起来，"还有比这还不适宜、还极端的对待茶的方式吗？真是不敢想象！"对于这些走偏门的茶制造商，简不敢苟同。她认为，作为茶界的专业人士，我们应该致力提高大众对茶的认识，让他们具备真正的茶知识，同时给消费者提供一系列茶产品，从而使他们可以理性选择。

在简看来，茶把整个世界的人们联系起来，帮助我们了解不同的宗教、不同的社会生活、不同的礼仪，以及不同的茶叶冲泡习俗。作为一个现代茶人，她希望能赋予茶时尚与年轻的元素，使得更多人能有机会、有兴趣更加深入地了解茶。

英国茶学院的目标之一就是努力教育服务业人士，让他们认识真正的茶。因为太多茶吧、茶室、酒店和饭店，所提供的仅仅就是质量低劣的茶包。简的英国茶学院提供多元化课程，比如，初、中、高级茶师课程，茶叶企业课程等等。其中高级茶师课程包括中国茶、日本茶、印度茶、斯里兰卡茶、尼泊尔茶和越南茶等专业选修课程，务求做到认证国际化，为英国的茶人和茶企打开一扇世界之窗。

茶，无怨无悔的选择

"感谢茶找到了我。"她说，"茶不但教会我地理、科学、历史和语言，还教会了我以平静的心态对待生活，尊重禅的哲学，要活在当下。"

伦敦的秋天，天气多变。刚才还是沥沥小雨，转眼已是阳光普照。在简装饰时尚典雅的公寓里，空气中飘着乌龙的迷人香气。她微微坐直身体，柔软的白丝上衣勾勒出她苗条的身段。想起我的一位朋友说的："简好像从来不会变老。"

"茶带给我太多美好的记忆。"简笑起来，这招牌式高雅微笑背后，明明透露着阳光少女般的欢快与明朗。

在中国台湾的高山茶园与和尚们一起喝禅茶；在云南西双版纳边境的茶山上制作古树普洱茶；和著名的帝玛红茶（Dilmah Tea）的创办人 Merrill Fernando 共同在斯里兰卡访茶；坐在马来西亚金马伦高原的茶园里享受户外下午茶。2003 年，乘飓风伊莎贝尔之后的第一班飞机前往美国维珍尼亚海滩参加茶活动，却发现志愿者们不得不重新烘焙茶会所需茶点。因为飓风造成断电，冰箱内的食材化冻，所有准备付之东流。几年之后不得不紧急撤离迈阿密也是因为飓风来袭。2011 年，日本北部大地震，在京都的火车上被 700 里以外的强震震得东倒西歪……

太多太多，她笑着望着手中的茶杯，那些当时的胆战心惊、紧张

在云南南部体验毛茶制作

劳累，如今全都化成美妙的记忆。

"辞去教书工作，开茶店，是我的人生重大转折点。"简认真地说，"当时学院的同事都认为我疯了。"

"但我至今无怨无悔。"她端起茶杯向我示意了一下，说，"那是一个勇敢的决定。"

是的，人生有太多的选择、太多的决定，为能从容地做出勇敢的决定而干杯。我们相视一笑，啜一口这来自遥远国度的乌龙，感谢茶让天涯海角的我们能有这样美好的相聚。

第三章

English Tea Rooms
英国特色下午茶店

丽兹伦敦
The Ritz London

亮点：大不列颠老派奢华贵族

当我梦想进入另一个世界的天堂时，
我就如同身处巴黎的丽兹酒店。
—欧内斯特·海明威，美国作家

When I dream of an afterlife in heaven,
the action always takes place at the Ritz, Paris.
— Ernest Hemingway, American writer

info:
地址：150 Piccadilly, London W1J 9BR
电话：+44（0）20 7300 2345
网址：www.theritzlondon.com

丽兹下午茶和"蒂凡尼的早餐"齐名，是不列颠老派奢华贵族的代名词，现在还是伦敦最经典与美味的保留节目。柔和的灯光，精致的蛋糕，恬静的气氛，自信从容又怡然自得的茶客们坐在路易十六时代的红木椅子上、大理石餐桌边，轻啜一口大吉岭或伯爵茶，品尝经典的英伦下午茶，也追忆那曾经的辉煌岁月。

丽兹下午茶设在棕榈厅（Palm Court），与一楼正厅分开。这里没有时钟，虽然你从远处若隐若现的旋转门缝可以偶尔窥见皮卡迪利繁忙街道上一闪而过的出租车和公共汽车，但还是很有脱离现实的度假感。恐怕就是这种奇怪的抽离感，让人分外愉悦。笼罩在明暗有致、欧洲最具特色的吊灯帘幕下，这里的人们看起来比平日美许多。

凯撒·丽兹（César Ritz）总是说："在丽兹酒店最具技巧的灯光下，人们能够毫无保留地放松。"他的遗孀在他的传记中写道："丽兹花几周的时间沉浸在研究灯光问题中。有一次，他让我坐在那里好几个小时，而他则和电工试验每一种灯光和阴影打在我身上的效果。最后发现一种浅淡柔和的杏粉色最美。"

曾经活跃在巴黎和伦敦上层社会的著名社交名媛戴安娜·库波（Diana Cooper）女士记得丽兹是第一个允许年轻女人独自饮茶的地方。浪漫派小说家芭芭拉·卡特兰（Barbara Cartland）

曾经描写一战后的丽兹下午茶，她说道："这里是和男士交往的绝佳地方，你可以和心仪的男人吃午餐，又和另一些喝喝下午茶。"战后的男男女女在钢琴和竖琴的浪漫气氛中，品尝着经典的英式下午茶，暂且忘却战乱与喧嚣，找到了生活中的和平和宁静。

踏入 21 世纪，丽兹的下午茶越来越受欢迎，客人们在棕榈厅门口的地毯上排起了长队。现在来宾必须最少提前 4 周预订位子，方能有机会流连于这个老派贵族名媛聚集的地方，品味那曾经的辉煌。

丽兹下午茶是除了教堂和皇家公园派对外几个为数不多的隆重场合，女士们大可戴上华丽的帽子盛装出席。如果阁下身穿短裤拖鞋，定会被婉拒入内。丽兹的资深服务员说："丽兹下午茶不仅仅是蛋糕和三明治，而是一个纯粹的精神愉悦的曼妙时刻。感谢上帝，现代社会还有这样一个地方。"

丽兹下午茶以精美绝伦的茶器和三明治的到来拉开了序幕。在楼下的厨房里，厨师们花费好几个小时准备下午茶的三明治。超长的面包被切成薄片，每片都涂上柔软的牛油，然后夹上各种馅料，最后用 14 英寸锯齿长刀削去面包皮，切成一英寸宽的手指三明治。

经典全麦三明治包括：薄切黄瓜三明治、奶油芝士、烟熏三文鱼。另外还有：薄切烟熏火腿、鸡蛋沙律、芥末水芹碎车打芝士，选用白面包。

接下来是英式松饼（司康）。丽兹的松饼都是快接近中午时才烤好，在你吃完三明治时，趁热上桌。配上凝脂奶油（clotted cream）和草莓酱，是舌尖上的英国。

然后是具有法式风格的蛋糕和酥皮馅饼，轻盈、美丽、奶香浓郁，是极致的味觉盛宴。疏松的点心皮内裹浓郁的巧克力或甜润的水果薄片。丽兹的点心主厨和他的团队每天都用心炮制最新鲜、最美味的糕点，为来喝茶的客人们营造独特的甜蜜时刻。

海明威曾经说过："当我梦想进入另一个世界的天堂时，我就如同身处巴黎的丽兹酒店。"如果阁下想时空逆转，回到那个"黄金年代"，伦敦丽兹下午茶定能助你梦想成真。

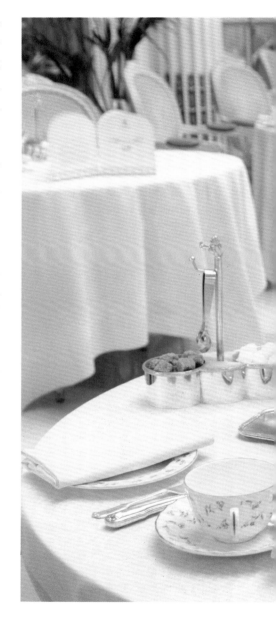

英国特色下午茶店

丽兹下午茶

福南梅森钻禧品茶沙龙
Fortnum & Mason, The Diamond Jubilee Tea Salon

亮点：英女王的下午茶坊，提供最强茶单。

我别无他求，只要一杯茶。

—简·奥斯汀，英国作家

I would rather have nothing but tea.

—Jane Austen, English writer

info:
地址：181 Piccadilly, London W1A 1ER
电话：+44（0）20 7734 8040
网址：www.fortnumandmason.com

到了福南梅森，一定不能错过品尝皇室级别的下午茶。下午茶餐厅位于五楼的钻禧品茶沙龙。沙龙于 2012 年在英国女王伊丽莎白二世主持开幕后，一直一位难求，被称为"女王的下午茶"。这里细致有度的英式服务及现场的钢琴演奏，令人得以一窥传统正宗英式下午茶的文化。

难能可贵的是，沙龙也提供素食的下午茶甜点。另外，下午茶的茶叶也有许多选择，一般可分为红茶类和花茶类。红茶类常见的有印度大吉岭、阿萨姆，中国祁门红茶，特别的是还有中国台湾冻顶乌龙茶；而花茶类有伯爵茶、水果茶、玫瑰茶、茉莉花茶等等。

安坐在宽敞明亮的大厅，听着悦耳悠扬的钢琴声，银色三层蛋糕架下，福南梅森薄荷绿的优雅茶壶吐出芬芳艳红的"皇家茶"。注入牛奶，看亮红的茶汤中慢慢散开的乳白，再轻轻夹起一块方糖投入，银色茶匙前后搅拌，一杯香浓可口地道的英式奶茶就冲好了。轻型三明治有四五种口味，沙律酱龙虾会贴近你的中国胃；英式松饼也是一绝，厚厚地涂上凝脂奶油

英国特色下午茶店

和草莓酱，让你欲罢不能；肚子饱眼不饱的你继续进攻水果挞、巧克力蛋糕、柠檬派等等。这时，侍者贴心地询问："是否要添加茶和茶点？"蛋糕、英式松饼、三明治任君选择。请不要嘲笑，这是我最无奈的时刻，只恨自己为什么这么没有战斗力。

因此，如果在福南梅森吃下午茶，建议不要吃午餐，否则你可要后悔"食力"不够强。这个价格不菲的下午茶，却真是物有所值，实至名归。完美优雅的环境、精致典雅的茶具，以及无限量添加的茶和茶点，都保证这将是你毕生难忘的下午茶体验。

福南梅森钻禧品茶沙龙下午茶

福南梅森钻禧品茶沙龙下午茶

凯莱奇酒店
Claridge's

亮点：不限时，服务最贴心的茶室。

每一杯茶都代表着梦幻之旅。
—凯瑟琳·杜泽尔

Each cup of tea represents an imaginary voyage.
— Catherine Douzel

info:
地址：Brook Street, Mayfair, London W1K 4HR
电话：+44（0）20 7409 6307
网址：www.claridges.co.uk

凯莱奇酒店的下午茶可能没有丽兹和福南梅森的名气大，但是吃过的都说凯莱奇酒店的下午茶体验最难忘，无论是餐点还是服务都可圈可点，其超高的服务品质令人赞许，可谓伦敦最贴心的下午茶。

伦敦知名老牌五星级酒店凯莱奇酒店距离邦德街（Bond Street）地铁站出口仅 3 分钟路程，地理位置绝佳。步入酒店大堂，眼光不由自主地被不远处散发着柔和淡金色光芒的大厅吸引。这就是下午茶用餐所在地：The Foyer and Reading Room。这个区域宽敞阔落，包含主大厅与两间"书房"的用餐空间。慢慢走近，耳边隐隐传来悠扬的钢琴和小提琴演奏声。人未进入，已被优雅恬静的气氛感染。大厅装饰以银色配淡米色为主，时尚中透露着典雅，华丽又不失亲切。身穿笔挺白色西装、打黑领结的侍者微笑着引领你入座后，主动把外套拿去衣帽间，并奉上一个精巧的小信封，内装寄存号码。如果你是一个人用餐，他还会贴心地询问是否需要杂志消遣。

二号书房的用餐空间可以容纳 20 人左右，雪白的桌布上，凯莱奇酒店招牌湖水绿餐具搭配银色器皿，一朵盛开的白玫瑰端坐在洁白的矮瓷瓶内，整体感觉清新浪漫。

茶在凯莱奇酒店的下午茶中始终占据中心地位。下午茶的茶品非常丰富，从精心挑选全世

凯莱奇酒店的下午茶

界最优质的手工茶到冲泡一杯恰到好处的茶汤，这里的茶汤体验是最专业的。你可能觉得英国人的泡茶手法赶不上我们中国的小壶冲泡法，认为没有公道杯的参与，茶汤会在壶中过度浸泡，丧失风味。但是在凯莱奇酒店，你完全不必忧虑。侍者奉上茶壶时，确保茶水温度达到最佳。每壶茶通常就是一杯的分量，如果有剩余，会被倒尽。所以每一泡茶的滋味都得以完美呈现。侍者还会适时提议更换茶品，只让你品味最好的那几泡，而且一定要你喝得满足。茶喝到一定程度，还会问你是否要品尝咖啡，这实在是太窝心了，茶和咖啡轮流上阵，没有不醉的理由。

未几，柔软鲜香的三明治来了。五种三明治款款地排坐在长条形盘中，从左到右分别是：火腿、小黄瓜、鸡肉、鸡蛋和烟熏三文鱼，还搭配了三文鱼泡芙。凯莱奇酒店的三明治很出

彩，把经典口味表现得淋漓尽致，让人禁不住一扫而光。心中暗自惭愧，为没能多留一些"quota"给甜点而后悔不已。这时，侍者轻声询问：哪款三明治你最喜欢，可以追加。轻叹一声，只能婉拒。

接着上来的是永远的主角——英式松饼。英式松饼当然是温热可口，奶香浓郁。这里要介绍的是马可·波罗茶果酱（Marco Polo tea

jam）。果酱混合了马可·波罗茶（法国玛黑兄弟 [Mariage Frères] 茶叶），香气浓郁，甜度正好。刚出炉的英式松饼配上茶果酱，再慷慨地涂上厚厚一层凉凉的英国西南康沃尔郡出产的凝脂奶油（Cornish clotted cream），冷热交融、松软幼滑、酸甜加上奶香，多变的口感和丰富的层次，一次满足味蕾的所有需求。

甜点是压轴的重头戏。凯莱奇酒店的甜点菜单每一季都会更换，组合通常包括磅蛋糕、挞、巧克力、泡芙和马卡龙。这一次的巧克力泡芙、开心果马卡龙和水果蛋糕都很美味。颜色艳丽的甜品配湖水绿条形图案的长点心盘，娇艳得让人不忍下手。甜品也可以追加，吃不完可以打包带走。这里的下午茶让你尽可能慢慢地享受，几个朋友喝茶聊天，或者独自一人捧一本小说，绝对不会被打扰催促。

用餐完毕，贴心的侍应用可爱的盒子打包甜点，还送上小礼物，可能是一小包糖，或者是一小盒今天你喝过的茶叶。

如果在伦敦，只有一次尝试下午茶的时间，那么就去凯莱奇酒店，保证你满意而归。提醒你服装要正式些，运动服、运动鞋、凉鞋和有洞的牛仔裤是不合适的哦。如果你盛装打扮，会发现很符合那里的气氛呢。另外，请务必最少提前一个月订位。

英国特色下午茶店

凯莱奇酒店下午茶之甜品

戈林酒店
The Goring

亮点：2013 年"最佳伦敦下午茶"首奖、凯特王妃的最爱

一杯茶里有太多的诗歌和细腻的情感。

——拉尔夫·沃尔多·爱默生，美国思想家

There is a great deal of poetry and fine sentiment in a chest of tea.

—— Ralph Waldo Emerson,
　　 American philosopher

info:
地址：15 Beeston Place, London SW1W 0JW
电话：+44（0）20 7396 9000
网址：www.thegoring.com

爱德华时代（Edwardian era，1901-1910）的巴洛克建筑风格，红白相间的墙面，纯白的门廊和缠绕两侧的常绿青藤，浓郁的色彩对比彰显出庄严隆重又刚劲有力的简约气氛，是低调的奢华。百年的戈林显示着英伦绅士的气派，无需太多富丽堂皇的装饰，贵族之气昭然若揭。倘若恰巧赶上门口停驻了一辆马车，穿着讲究、带着硬礼帽的车夫笔挺地坐立于马车之上，仿佛时间流转，让人回到 19 世纪的英国贵族城堡。

作为伦敦最古老的私人豪华酒店，戈林极好地诠释了英国传统，因此吸引着众多皇室成员青睐。2011 年威廉王子与凯特王妃大婚时，戈林酒店就被指定为凯特王妃婚礼前晚入住的场所和婚宴的指定场地。酒店还曾承办查理斯王子 60 岁诞辰的庆祝活动，甚至查理斯王子婴儿时期的洗礼蛋糕也是戈林出品。这还是伊丽莎白皇太后（Queen Elizabeth, The Queen Mother）生前最喜欢的酒店。2013 年，戈林荣获英国茶叶协会（UK Tea Guild）颁发的"最佳伦敦下午茶"头奖（2013 Top London Afternoon Tea Award）。

如果是夏日的午后，露天的庭园雅座是不错的选择。一杯茶，静赏午后的柔光透过树叶深深浅浅地洒在草坪上。花圃中的花朵自顾自地盛开，微风拂过，在树叶沙沙晃动中细品精雕细琢的生活。

另一边，室内华丽的 Lounge Bar 复古气息浓厚。豪华壁炉、厚软的地毯、大型油画、舒服的沙发和传统矮脚茶台，若明若暗的灯光营造出旧时代贵族家庭茶会气氛。

这样惬意的"戈林下午"，何不从一杯 Bollinger 玫瑰香槟开始呢？负责倒香槟的服务生动作优雅，模样俊朗，酒杯内绵密细小的气泡一丝丝从杯底升起，还没入口，却也醉了。

下午茶从开胃菜开始，也是戈林的与众不同之处。这款乳酪芝士慕斯配早餐脆米，滋味清淡富有口感，正式开启下午茶。三层点心架上来，中层的英式松饼被贴心地用餐巾包好，便于保温。喝茶、发呆、放空。这样的午后不需要太多的话语和表情，也不需要去模仿贵族的举止，因为你就是优雅闲适的画中人。

戈林酒店露天花园雅座

英国特色下午茶店

艾林酒店 Lounge Bar

皇家凯馥酒店
奥斯卡·王尔德酒吧
Hotel Café Royal
Oscar Wilde Bar

亮点：以王尔德命名，文艺青年必朝之地

一生的浪漫，从自恋开始。

—奥斯卡·王尔德，爱尔兰诗人、剧作家

To love oneself is the beginning of

a lifelong romance.

— Oscar Wilde, Irish poet and playwright

info:

地址：68 Regent Street, London, W1B 4DY

电话：+44（0）20 7406 3333

网址：www.hotelcaferoyal.com

奖项：2017 年度英国"最佳下午茶"赢家

（2017 Afternoon Tea Awards）

英国特色下午茶店

入口的玻璃门上还保留着一百多年前的 Grill Room 字样

属于皇家凯馥酒店的奥斯卡·王尔德酒吧创立于 1865 年，曾经是叫做 Grill Room 的扒房，也是酒店最珍贵的部分，至今入口的玻璃门上还保留着一百多年前的 Grill Room 字样。这栋建筑被列为英国国家二级保护建筑，路易十六年代的奢华设计，至今仍然熠熠生辉。室内四壁皆为大玻璃镜，空间感强烈，墙上被两个女神环绕的柱子更是用真金箔镶嵌装点，豪华气派。

据说，王尔德常常在这里用餐，还在此邂逅了毕生挚爱——美少年阿尔弗莱德·道格拉斯（Alfred Douglas，昵称：波西 Bosie）。奥斯卡·王尔德（Oscar Wilde）是英国最伟大的作家和艺术家之一，是唯美主义的代表人物。他的一生极其富有戏剧性，从人上人到阶下囚，从宠幸加身到耻辱无尽，从名誉的巅峰到灾难的深渊。为了波西，王尔德抛妻弃子，锒铛入狱，尝尽失恋的痛苦，郁郁而死。

故事的结局虽然令人唏嘘，但是王尔德最美好的回忆都留在了皇家凯馥酒店，这里见证了他至死不渝的爱情。除了王尔德，亚瑟·柯南·道尔（Arthur Ignatius Conan Doyle）、萧伯

奥斯卡·王尔德酒吧的下午茶

纳（George Bernard Shaw）、丘吉尔（Winston Leonard Spencer-Churchill）等许多大文豪、艺术家和杰出人物都是皇家凯馥酒店的座上客。到了 20 世纪中期，奥斯卡·王尔德酒吧更是世界名人频繁光顾的酒吧。从伊丽莎白·泰勒（Elizabeth Rosemond Taylor）、爵士乐灵魂人物路易斯·阿姆斯特朗（Louis Armstrong），到拳王阿里，到大卫·鲍威（David Bowie）的"最后的晚餐"告别派对，这间传奇色彩浓重的酒吧持续散发着迷人的魅力。

这里的下午茶茶点分三次奉上，点心种类繁多，款款精致迷人。需留意的是，茶点吃完就

撤下，并不能追加。如果你迷失在长长的茶单里，何不就点他的招牌奥斯卡。这款茶采用精选正山小种，烟熏味混合了秋天的果实香气，代表着王尔德复杂、成熟和多变的个性。

去这样一间有故事、有历史的餐厅吃一次下午茶，坐在金碧辉煌的酒吧里，举杯和"我不想谋生，只想生活"的王尔德隔空对话，必定是你伦敦之行最难忘的一篇。

贝蒂茶室
Bettys Café
Tea Rooms

亮点：中国中央电视台纪录频道《茶，一片树叶的故事》中的那间贝蒂茶室

一杯茶是和伟人进行思想碰撞的契机。
—克莉丝汀·利，澳大利亚设计师

A cup of tea is an excuse to share great thoughts with great minds.
—Christina Re, Australian designer

info:
地址：（约克郡店）6-8 St. Helen's Square,
　　　York, YO1 8QP
电话：+44（0）800 456 1919
网址：www.bettys.co.uk

英国特色下午茶店

英国下午茶可谓享誉全世界，而贝蒂茶室在英国家喻户晓。位于英格兰北部约克郡（Yorkshire）的贝蒂茶室是当地人气第一美食名店，更堪称英格兰北部最好的茶室，也是中央电视台纪录频道《茶，一片树叶的故事》中的那个贝蒂茶室。

这间富有传奇色彩的茶室创办将近一百年。茶室于 1919 年由一名年轻的瑞士点心烘焙师弗雷德里克·贝尔蒙特（Frederick Belmont）在约克郡的哈罗盖特（Harrogate）创办。后来，发展成约克郡内 6 间各具特色的茶室餐厅。

究竟谁是贝蒂（Betty），茶室的名字从哪里来？答案至今还是一个谜。有人猜测福瑞德里克被一部名叫《Betty》的歌剧里面的女主角吸引，而这个美丽的演员名字叫贝蒂·费尔法斯（Betty Fairfax）。关于名字的猜测从来就没有停止过，但答案只有一百年前的年轻烘焙师知道吧。

如果你想去约克市中心繁华商业区的贝蒂茶室朝圣，必须早点去排队，因为茶室外全天都排了长队。

英国特色下午茶店

位于约克的贝蒂茶室

贝蒂茶室拥有大型转角玻璃窗，金色大字招牌写道: Bettys Café Tea Rooms。玻璃门两边悬挂着开满白色小花的大花篮，华丽又不失典雅。门边的金色框镶着餐牌和贝蒂夫人（Lady Betty）下午茶的介绍，整个茶室外观高贵雅致，不愧为经典下午茶的代表茶室。

大门进去，左手边是茶店，售卖各种贝蒂茶室出品的茶和精致西点。右边的茶室分楼下和楼上两层。位于地面的大厅，内部装饰是典型的欧洲风格，空间感强，点缀着钢琴和陈列糕点的点心台，巨型玻璃窗把约克郡历史感超强的街景引入室内。坐在窗边的位子，看着窗外的古建筑和来往的人们，手捧精致茶杯，你就会觉得既观赏到古典建筑，又感受到时尚高雅的氛围，平生第一次鱼和熊掌兼得，快哉悠哉！

身穿白色制服、围白色围裙、金色头发的苗条侍者，捧着银器茶具奉上阿萨姆下午茶，银色三层蛋糕架也摆上来了。大理石桌面上白银闪亮，衬着绿白的雏菊，簇拥着色彩艳丽、引人垂涎欲滴的下午茶点，无论如何这都将是一个完美的下午。

英式下午茶的点心从最下层的三明治，到中层的英式松饼，到最上层的巧克力蛋糕、水果挞和马卡龙，口味从咸过渡到甜，从清淡到浓郁。开动吧，就从最下层开始。

贝蒂茶室的下午茶

黄瓜三明治是传统英式下午茶必不可少的经典角色。薄薄的面包片夹着薄薄的黄瓜片，口感清新爽快，开启味蕾，打开食欲。英式松饼似乎和下午茶是永远不可分割的伴侣，贝蒂茶室的经典果仁松饼配自家特制的凝脂奶油和草莓酱，味道是无法忘怀的松软和幸福。水果挞上的覆盆子茸毛清晰可见，新鲜程度超高；巧克力千层蛋糕上装饰着 Bettys 的金字小招牌，精致可口。

茶是贝蒂茶室自己调配的散茶，经过滤网，雪白茶杯里的茶橙红透亮，清饮甘甜可口。加入牛奶和糖，马上就丰厚浓郁起来，就像一个青春少女，摇身一变成风韵少妇。

贝蒂茶室还开办贝蒂厨师学校，设各种烹饪课程，从主菜到甜点，从初级到高级，从几个小时的课程到为期两周的深入课程，务求将你的厨师潜能发掘出来，在开心融洽的环境中轻松地学习烹饪。

英国特色下午茶店

贝蒂茶室的下午茶

全景餐厅 34
Panoramic 34

亮点：英国最高餐厅之一，拥有无敌景观。

如果我和朋友都感到颓废，我们就去喝下午茶。

—苏菲 · 麦席拉，英国演员

If me and my friends are feeling decadent, we go for afternoon tea.

— Sophie McShera, English actress

info :

地址：34th Floor, West Tower, Brook Street,
　　　Liverpool L3 9PJ

电话：+44（0）151 236 5534

网址：www.panoramic34.com

Panoramic 34 餐厅

位于利物浦市中心 West Tower 三十四楼的 Pan-oramic 34，海拔 300 多米，是全英国最高的餐厅之一。全幅大型玻璃窗，360 度俯瞰海港及维多利亚建筑群，"一览众山小"的气势威不可挡。

这里的下午茶非常有名气。下午茶，与其说是吃吃喝喝，倒不如说是休闲享受的一种体验。Panoramic 34 的高尚独特环境，是成就完美下午茶的一大先决条件。从开始计划到真正成行，用了 3 周的时间，因为完全订不到位子。通常须至少提前一个月预订。这次能够订到一张二人桌全凭运气。

为了能够占据窗口位子，我们提前十分钟到达，待餐厅一开门就进入，保证能够享受到窗边美景。Panoramic 34 分酒吧和餐厅两个部分，餐厅的景观较酒吧好，位子也较舒服，当然下午茶的价格比酒吧高。

一步入位于入口处的酒吧，你就会"哇"出来，全因为这超大落地窗外的景色实实在在是太壮丽了。左边望出去，坐落在临海码头的皇家利物大厦（Royal Liver Building）赫然映入眼帘，顶部两只活灵活现的利物鸟俯瞰着城市和大海。传说，如果它们飞走，城市就不复存在了。继而远眺与皇家利物大厦并列的丘纳德大厦（Cunard Building）和利物浦港务大厦（Port of Liverpool Building），三者组成的"临海

Panoramic 34 酒吧

三女神"，勾勒出英国最负盛名的天际线。转一下角度，就看见位于市中心圣詹姆斯山（St. James Mount）上的世界第五大主教座堂——利物浦大教堂（Cathedral Church of Christ in Liverpool），欣赏着这座"世界最伟大的教堂"之一的哥德式宏伟建筑，仿佛听见那世界最大、最高的钟楼传出的"当当"钟声。再转一下，罗马天主教的利物浦基督君王主教座堂（Liverpool Metropolitan Cathedral）给你带来现代教堂的新气息，这是最早打破传统纵向设计的教堂之一。再转身，远处的摩天轮和电信塔尽收眼底……

慢慢步入餐厅，仿佛乘搭 UFO 翱翔在蓝天与大海之间。沿着窗边的桌子走进去，雪白的桌布、飘逸的白窗纱、晶莹剔透的高脚杯、柔和的橙色灯光，这一切一切包裹在湛蓝的天与海之间。港口、白云、船只静静地呈现在你面前，无声地游动、飘移。你此时此刻开始怀疑，暗自掐一下手指，嗯，这不是梦境。

不一会儿，茶和点心架都上来了，雅致的白桌布上一下子热闹起来。茶壶、茶杯、奶罐、糖罐、奶油、果酱、碟子们簇拥着色彩艳丽、令人垂涎欲滴的茶点。下层三明治就很丰富，有四种：吞拿鱼、三文鱼、鸡蛋和火腿。中层是考验你自制力、激发食欲的巧克力千层蛋糕、草莓覆盆子水果挞、梦幻紫色蔓越莓马卡龙。上层是下午茶永远的温热诱人、香喷喷的英式松饼。

于是，你安坐在这天与海之间，啜一口香浓奶茶，吃一口美味点心。别管什么烦心事，别理什么烦恼人，你只在心中哼唱那首披头士（The Beatles）的 *Let It Be*：

Let it be, let it be

让它去吧，让它去吧！

Let it be, let it be

让它去吧，让它去吧！

Yeah, there will be an answer

是的，会有一个答案

Let it be

让它去吧！

And when the night is cloudy

当夜晚乌云密布

There is still a light that shines on me

有道光芒依然照耀着我

Shine until tomorrow

直到明日

Let it be

让它去吧！

Panoramic34 的下午茶

里士满茶室
Richmond Tea Rooms

亮点：《爱丽丝梦游仙境》主题茶室

"我该往哪儿走？"爱丽丝问坐在树上的
柴郡猫。
"这要看你想去哪里。"柴郡猫说。
"我其实不知道要去哪里。"爱丽丝说。
"那也就无所谓往哪个方向走。"猫回答。
——路易斯·卡罗，《爱丽丝梦游仙境》

Alice asked the Cheshire Cat, who was sitting in
a tree, "What road do I take?"
The cat asked, "Where do you want to go?"
"I don't know," Alice answered.
"Then," said the cat, "it really doesn't matter,
does it?"
—Lewis Carroll, *Alice's Adventures in Wonderland*

info:
地址：15 Richmond Street, The Village,
　　　Manchester M1 3HZ
电话：+44（0）161 237 9667
网址：www.richmondtearooms.com

英国的下午茶是浪漫、优雅的代名词。每每想
起喷香的英式松饼、令人吮指的迷你三明治、
充满田园气息的新鲜水果挞，再喝一口香浓的
奶茶，你是否会想让时间停滞，永远停留在那
美好的一刻呢？

还记不记得《爱丽丝梦游仙境》中的疯狂茶
会？帽匠得罪了时间先生，时间不工作，使
得他们永远停留在下午 6 点的下午茶时间。
这个下午茶永远不结束，这是不是正合了你
的心意？

坐落在曼彻斯特（Manchester）市中心的里士
满茶室，就是一家以爱丽丝为主题的茶室。在
英国，茶室可以是高贵奢华，如丽兹伦敦；或
以悠久历史闻名，似贝蒂茶室；还有以独特的
主题突破重围。里士满茶室就是依靠其鲜明别
致的主题、独特风格的装饰、童话浪漫主义的
氛围而远近驰名。

曼城总是给人平淡无奇的感觉。在市中心有一
条普普通通的里士满街，在这条街上，有一间
外表普通得很的楼上茶室，叫里士满茶室。一
切都平常得不能再平常。

而当你步上楼梯时，就会发现这间茶室的与众不同。茶室以大红、粉红和森林绿为主要颜色，给人强烈的视觉冲击。不大的茶室，还有一间玻璃屋，供七八个人开派对使用。最里面靠墙的是大红帐幕，柔软的沙发座椅，适合情侣卿卿我我。窗边不但挂了油灯，还种植各色茂盛的植物，给这个小小的茶室平添了许多童话色彩。

茶吧顶部有大红招牌写道：Eat Me（吃我），Drink Me（喝我）。因为爱丽丝在漫游白兔先生的世界时，就是靠吃吃喝喝来变大变小的。今天，吃了这里的蛋糕，喝了这里的茶，会不会也变小，神游一次？

侍者奉上茶牌，各种各样的茶品很丰富，红茶就包括中国的正山小种、祁门和滇红，另外亦有阿萨姆、大吉岭，还有几种混合茶。我选了一种叫做"里士满大篷车"的混合茶。看混合的茶品，很有意思："混合了大吉岭、乌龙、中国红茶——用骆驼大篷车从中国边境运到莫斯科。"

看着这个描述，我不禁纳闷，这用骆驼运去俄罗斯的到底是什么茶？我招来侍应小伙子，问他。他笑说不知道，但他相信在中国，现在还有用骆驼来运茶的。我亦哈哈大笑，不知说什么好。之后询问一位资深茶人，到底这会是什么茶。他说有可能是一种出口俄罗斯的米砖茶。米砖是用红茶的片、末为原料蒸压的一种茶砖。19世纪80年代是出口的鼎盛期，估计，就是那时候用骆驼运输吧。

这真真假假的茶史还没考究清楚，茶就上来了。茶器是旧的梅森（Meissen）青花柳树图案的茶壶和杯子。橙红色的茶汤穿过茶漏，留在茶漏上的真是一粒粒茶末，并不是叶子。看来米砖茶有迹可循。茶汤入口，出乎意料地好喝，很是甘甜滋润。完全可以清饮，不需要加奶和糖。

未几，双层糕点架上来了，下层是三明治、鸡肉蘑菇挞和蔬菜沙律，上层是亮点：英式松饼配凝脂奶油和草莓酱。这个英式松饼个头很大，一边隆起，向另一边微微倾斜。好的英式松饼可以用手轻易掰成两半，是掰成上下两半，并不是左右两半。这样，热呼呼的内部就展现在眼前了。这是全麦干果松饼，内部松软喷香，先涂上厚厚一层凝脂奶油，再慷慨地抹上含粒粒果实的草莓酱。咬一口，慢慢咀嚼，松饼松化软绵，奶油异常香浓，草莓酱是冰凉的酸甜，果仁香脆，葡萄干甜糯，这一切入口即慢慢融化，是复杂的口感，简单的幸福。

寻常街道上的里士满茶室，展现给我们另一种茶室概念。茶室，往往是实现主人梦想的地方，这里寄托了主人的童真、幻想与无限的期望。每一个爱茶人可能都有一个茶室梦。怀揣

里士满茶室内

着我们的梦想，应当何去何从呢？想起《爱丽丝梦游仙境》里面那段爱丽丝和柴郡猫的哲理对话：

"我该往哪儿走？"爱丽丝问坐在树上的柴郡猫。
"这要看你想去哪里。"柴郡猫说。
"我其实不知道要去哪里。"爱丽丝说。
"那也就无所谓往哪个方向走。"猫回答。
"或者很远的一个什么地方。"爱丽丝说。
"噢，放心吧，只要走得够远，你总会到达。"猫说。

是的，人生路上，我们常常困惑，迷失自己，找不到要去的方向。但其实，走哪条路不重要，只要我们走得够远，就一定能到达。

所以，无论如何，怀揣着梦想，坚定地走下去，相信一定能够到达。

英国特色下午茶店

附录：精选英国下午茶店

提供优质下午茶的伦敦酒店：

Claridge's
地址：Brook Street, Mayfair, London W1K 4HR
电话：+44（0）20 7629 8860
网址：www.claridges.co.uk

Fortnum & Mason
地址：181 Piccadilly, London W1A 1ER
电话：+44（0）20 7734 8040
网址：www.fortnumandmason.com

The Ritz
地址：150 Piccadilly, London W1J 9BR
电话：+44（0）20 7493 8181
网址：www.theritzlondon.com

The Goring
地址：15 Beeston Place, London SW1W 0JW
电话：+44（0）20 7396 9000
网址：www.thegoring.com

Hotel Café Royal
地址：68 Regent Street, London, W1B 4DY
电话：+44（0）20 7406 3333
网址：www.hotelcaferoyal.com

The Dorchester
地址：53 Park Lane, London W1K 1QA
电话：+44（0）20 7629 8888
网址：www.dorchestercollection.com/en/london/
    the-dorchester

The Four Seasons Hotel
地址：Hamilton Place, Park Lane, Mayfair,
    London W1J 7DR
电话：+44（0）20 7499 0888
网址：www.fourseasons.com/london

The Lanesborough
地址：Hyde Park Corner, London SW1X 7TA
电话：+44（0）20 7259 5599
网址：www.oetkercollection.com/destinations/
    the-lanesborough/london

特色下午茶室：

Abbey Cottage Tearoom

地址：Abbey Cottage, New Abbey,
　　　Dumfries DG2 8BY

电话：+44（0）1387 850 377

网址：www.abbeycottagetearoom.com

19 世纪乡村别墅风格茶室

Bettys York

地址：6-8 St. Helen's Square, York, YO1 8QP

电话：+44（0）1904 659 142

Bettys Harrogate

地址：1 Parliament Street, Harrogate, HG1 2QU

电话：+44（0）1423 814 070

Bettys Harlow Carr

地址：Crag Lane, Beckwithshaw, HG3 1QB

电话：+44（0）1423 505 604

Bettys Stonegate

地址：46 Stonegate, York, YO1 8AS

电话：+44（0）1904 622 865

Bettys Northallerton

地址：High Street, Northallerton, DL7 8LF

电话：+44（0）1609 775 154

Bettys Ilkley

地址：32 The Grove, Ilkley, LS29 9EE

电话：+44（0）1943 608 029

有名气的茶室，环境舒适幽雅，怀旧风格。

Bird on The Rock Tearoom

地址：Church Road, Craven Arms SY7 0PX,

电话：+44（0）1588 660 631

迷人的 1930 年代风格茶室。

Elizabeth Botham & Sons

地址：35/39 Skinner Street, Whitby,
　　　Yorkshire YO21 3AH

电话：+44（0）1947 602 823

创建于 1865 年，位于烘焙店楼上。

Tea Parlour

地址：23 Mathew Street, Liverpool L2 6RE

电话：+44（0）151 227 2891

网址：www.teaparlour.co.uk

位于利物浦以披头士闻名的马修街，传统怀旧
英式下午茶。

Panoramic 34

地址：34th Floor, West Tower, Brook Street,
　　　Liverpool L3 9PJ

电话：+44（0）151 236 5534

网址：www.panoramic34.com

英国最高的餐厅之一，景色壮观。

Richmond Tea Room

地址：15 Richmond Street, The Village, Manchester
　　　M1 3HZ

电话：+44（0）161 237 9667

网址：www.richmondtearooms.com

以《爱丽丝梦游仙境》为主题的特色茶室。

The Hazelmere Café & Bakery

地址：2 Yewbarrow Terrace, Grange-Over-Sands,
　　　Cumbria LA11 6ED

电话：+44（0）15395 32972

网址：thehazelmere.co.uk

特色茶室，提供当地美食，名称富有创意。

Peacocks Tearoom

地址：65 Waterside, Ely, Cambridgeshire CB7 4AU

电话：+44（0）1353 661 100

网址：www.peacockstearoom.co.uk

提供五十种不同的茶、轻食和自家烘焙蛋糕。

The Pump Room

地址：Searcys at the Roman Baths and Pump Room,
　　　Stall Street, Bath BA1 1LZ

电话：+44（0）1225 444 477

网址：www.romanbaths.co.uk/pump-room-restaurant

有现场乐队伴奏或钢琴伴奏，气氛极佳。

Waddesdon Manor

地址：Aylesbury, Buckinghamshire, HP18 0JH

电话：+44（0）1296 653 242

网址：waddesdon.org.uk

设在国民信托庄园内的老厨房和佣人大厅。

———————————————

其他有关茶的有趣地方：

Spicer Tea Company HQ

地址：5 Cobham Road, Wimborne, Dorset
　　　BH21 7PN

电话：+44（0）1202 863 800

网址：www.keith-spicer.co.uk

这家茶店售卖多种经典茶品，并开设品茶会。

Norwich Castle Museum

地址：24 Castle Meadow, Norwich NR1 3JU

电话：+44（0）1603 493 625

网址：www.museums.norfolk.gov.uk/norwich-castle

收藏大量优质茶具，展出 3000 个茶壶。

The Victoria & Albert Museum

地址：Cromwell Road, Knightsbridge, London
　　　SW7 2RL

电话：+44（0）20 7942 2000

网址：www.vam.ac.uk

收藏亚洲和英国的茶具，包括茶碗、茶杯、茶
壶和银器。

第四章

Featured English Teas
特色英国茶品

英国茶入门

英国人对茶的热情超过其他任何国家，几乎人人喝茶，如痴如醉。据国际贸易中心（The International Trade Center）的数据显示，超过半数的人（61%）每天都要喝一杯茶。英国天气不适宜种植茶树，他们就把茶树种到世界各地。2017 年英国进口红茶超过一半（约 62222 吨）来自非洲的肯尼亚，而印度则名列第二（约 17119 吨），非洲的马拉维排第三（约 11197 吨），其他对英国出口茶叶的国家有荷兰、瑞典、坦桑尼亚、波兰、卢旺达、津巴布韦和印尼。中国的红茶虽然未能上榜，但中国茶在英国的市场占有率的确逐年增多，例如绿茶、白茶和乌龙茶。"混合"是英式茶的精髓，在英国市面上销售的茶叶 90% 是混合茶。大家常喝的伯爵茶、下午茶、早餐茶，都是传统经典配方。几百年来，这些混合了花、果和精油的茶叶形成了独具特色的英式茶。

我常常想，为什么英国人要混合甚至调味茶叶？中国人喝茶，以清饮为主，注重"体味"，讲究通过喝茶去获得精神层面的"道"。而英国人更实际，更强调味觉的享受，所以会想到混合搭配，讲究调味，追求更美味的茶饮。多数人认为，早期英国人迷恋茶叶程度极高，而鸦片战争之后，英国以进口印度、锡兰（即今"斯里兰卡"）等地的茶叶为主，中国茶逐渐淡出，使得英国市场缺乏高品质茶叶和多元化选择，为了安抚寂寞的味蕾，保证茶叶风味品质的稳定，茶商开始着重推出各种混合茶。但其实这是一个迷思，我们真的不知道混合茶到底什么时候出现。其实，英国在鸦片战争之前的一百多年就已经开始混合茶叶。1706 年，托马斯·川宁（Thomas Twining）在斯特兰德（Strand）开店时就有一个记录为不同客人混合茶叶配方的文件。

英国茶分为茶园茶、产地茶、混合茶和调味茶。茶园茶来自单一茶园，并未进行任何混合。产地茶则涉及到同一个茶地内的茶叶混合。而混合茶更是混合了不同产地、不同国家的茶。调味茶是在混合茶的基础上添加花草、水果、香精和香料等。

中国茶的拼配主要集中在同一种茶叶，同一个地区，例如我们云

鸦片战争后，英国以进口印度、锡兰等地的茶业为主。图为东印度公司茶品。

南产的普洱茶之间的拼配就包括：等级拼配、茶山拼配、茶种拼配、季节拼配、年份拼配和发酵度拼配。这和英国的产地茶比较类似。而英式混合茶可以有不同茶园、不同产地、不同国家的同一种茶的拼配，甚至于不同种茶的拼配。例如，红茶可以用祁门混合滇红和阿萨姆。比起中国茶的拼配，英式混合茶的地理范围更广，拼配横跨六大茶类，赋予茶叶更多创造力，也更个性化。英国式拼配还是一种用来稳定和提高茶叶品质、扩大货源、获取较高经济效益的常用方法，这些优点与我们的普洱茶拼配异曲同工。

在英国，除了混合茶，调味茶更是大行其道。这是在茶叶中添加各种花、果、香料和精油。虽然我们也有类似的调味茶，比如花茶，但和英国的混合调味茶有着本质的不同。中国的花茶是调味茶的代表，一种花配一种茶，例如茉莉花茶，只用一种绿茶或一种白茶配茉莉花。比起英国的调味茶，中国的花茶工艺更复杂，有"七熏"、"九熏"之说，茉莉花茶以茶中不见花为上。而西方的调味茶则以创造力著称，更注重视觉效果。英式茶可以多种茶叶、花、香料和精油混合，深褐色的茶叶衬托着色彩亮丽的花草干果，不仅味道变化多端，看起来也是赏心悦目。我们熟知的伯爵茶就是用了中国的祁门和锡兰红茶混合香柠檬精油而成。有些牌子的伯爵茶还加入柑橘皮和亮蓝色矢车菊花瓣，不仅口感层次丰富，干茶看起来活泼轻盈，也是一道风景。

在英国，调茶师是冷门职业，也是比较难进入的行业。调茶师是一个茶叶公司的灵魂，通常都要经过多年的训练，从采购茶叶做起，慢慢进入到调茶领域。茶叶拼配技术要求高、难度高，调茶师通过感官经验和拼配技术，把具有一定共通点而性质不一的茶品拼配到一起，取长补短，达到美形、匀色、提香和增味等目标，调制出更美味、更有特色的茶品。

无论是单一茶园的高端茶还是混合了花草的调味茶，在英国都有市场。英国爱茶人通常会喝几种茶：早上可能喝混合早餐茶，有时品些茶园茶，偶尔也泡调味茶转换一下口味；在旅行或外出时，也会喝茶包。但大多数英国人还是以茶包为主，茶包在英国茶叶市场占 96% 的份额（2007 年）。

英国茶种类

英国的茶风味百变，应有尽有。有时又会给人带来种种错觉。例如：英国茶都是茶包或者英国茶都是混合茶等等。其实，严格来说，市面上的英国茶分为：茶园茶、产地茶、混合茶、混合调味茶、草本茶和无咖啡因茶。

茶园茶　Single Estate Tea

产于单一茶园的茶, 未经过混合的茶。

产地茶　Single Origin Tea

单一区域或国家生产的混合茶, 通常以产地名为茶名的红茶, 如印度的大吉岭红茶(Darjeeling Tea)、阿萨姆红茶(Assam Tea)、锡兰红茶(Ceylon Tea)等。

混合茶　Blended Tea

指的是在原味茶内增加其他种类的茶叶的混合红茶(唯有如大吉岭、锡兰、阿萨姆等品质较好的单品茶种才可用来当作基茶调制混合茶)。在茶叶的混合分配上, 必须注意滋味与香气能否平衡协调, 以及茶叶的形体大小是否一致。此外, 从各个著名茶品牌的招牌混合茶款里, 也可以清晰窥察该品牌的显著特点。

调味茶　Flavored Tea

指的是在制作红茶的过程中往茶叶里添加了水果(如蓝莓、柠檬、荔枝、水蜜桃、苹果、香蕉、菠萝和葡萄等)、花(如玫瑰、茉莉、紫罗兰和薰衣草等)、香草和香料, 赋予茶叶多元化香气的红茶。调味茶也是最容易被红茶初入门者接受的茶。其中最为典范、历史也最为悠长的调味茶是英国出名的格雷伯爵茶。

水果草本茶　Fruit & Herbal Tea

水果草本茶在英国乃至整个欧洲都很流行。这种茶有些有茶的成分，有些并没有茶的成分，而后一种严格来说并不是茶。水果草本茶通常以清饮为主，或可适当添加糖和蜂蜜，较多以茶包形式售卖。水果与草本相遇，无论口味、汤色还是养生功效都令追求清新自然的欧洲人趋之若鹜。常见茶品有：洋甘菊茶（Chamomile Tea）、薄荷茶（Mint Tea）、姜茶（Ginger Tea）、芒果草莓茶、柠檬姜茶和黑加仑子黑莓茶等等。这些水果草本茶不但方便好喝，还具有多种养生功效，例如：柠檬和姜搭配有助预防感冒，菊花茶清热解毒，还有一种睡前茶以多种草本植物搭配，有助放松安眠。

无咖啡因茶　Decaffeinated Tea

无咖啡因茶在包装上通常表示"Decaffeinated"，或简写为"decaf"。对于有些对咖啡因过敏的人来说，无咖啡因茶品值得关注。无咖啡因茶是通过一些手段去掉茶叶中的大部分咖啡因。现今，对于无咖啡因产品还存在一些争议。首先，茶叶的风味和香气不可避免地受到影响。其次，茶叶中的精华——茶多酚，在除去咖啡因的过程中也被削减。宣导自然健康的著名美国医生 Andrew Weil 认为，市场上销售的大多数无咖啡因产品的保健功效也被不同程度地削减。然而，对于有"茶瘾"的孕妇和咖啡因过敏人士来说，无咖啡因茶品和水果草本茶都是福音，可以聊以慰藉。

包装方式

茶包　Tea Bag

方便快捷。茶包除了传统的长方形单囊和双囊款式之外,也有较高档的立体三角形和钻石型茶包。立体设计使茶叶有足够的伸展空间,茶汁沥出更快,有利于内含物质的释放,越来越受欢迎。

散装叶茶　Loose Leave Tea

品质比茶包好,适合追求质量的消费者。

即溶茶　Instant Tea

粉末状,加水搅拌。传统的即溶茶呈粉末状,加水搅拌就可以喝了,以浓郁香气为主。现在还出现一种新的胶囊式即溶茶,可以用现在流行的浓缩咖啡机冲泡,节约 90% 冲泡时间,口味更浓郁。

罐装　Tea Caddy

金属罐装,价格稍高。

混合调味茶的原料

英式混合茶风味百变，色彩缤纷，有醒神浓郁的早餐茶、清新怡情的下午茶、安神助眠的晚餐茶等等，应有尽有。英式茶以混合技术见长，除了各种茶叶风味的取长补短，还适当混入各式鲜花、水果、草本、香料和精油等，更在不同节日和季节增添新口味，使茶叶产品更丰富，消费者有更多选择。

茶叶　Teas

无论英式茶混合了多少原料,茶叶永远是主角。只有品质较好的茶叶才可以用来做茶底,例如上好的滇红、祁门和锡兰茶等,是常用的基底茶叶。如今的英国人并不只是对红茶情有独钟,还热爱绿茶、白茶和乌龙茶。伦敦街头的大小茶店都有其独特的混合秘方,茶叶原料早已全球化。

花　Flowers

英国人偏爱中国的茉莉花茶,因为花是英式混合调味茶最常见的原料之一。花除了可以增加茶叶的芳香度和浓郁度,还有一定的养生功效,比如薰衣草和洋甘菊常常被用在晚安茶中。有些香气及滋味较淡但颜色艳丽的花常常用来装饰,例如金盏花、矢车菊。英式混合调味茶中常见的花主要有:茉莉、玫瑰、矢车菊、洋甘菊、薰衣草、金盏花、藏红花、洛神花和接骨木花等。

水果　Fruits

水果及果皮也是英式混合调味茶的重要原料，通常用来增加茶叶的酸甜度，改善调节茶汤的颜色。也有专门的水果茶，里面并不含茶叶。英式茶中常用到的水果主要有：苹果、草莓、柑橘、覆盆子、柠檬、青柠、梨子和桃子等。

草本　Herbs

草本植物除了可以增添独特的香气，还有药物作用。入茶的常见植物有：甘草、薄荷、薄荷籽、班兰叶、柠檬草和柠檬叶等。

香料　Spices

有些英国茶加入不少印度香料，气味浓烈。这也许是因为印度曾经是英国殖民地的缘故，而且英国有很多印度人，加了香料的茶叶很有市场。有一种"印度香料奶茶"（Masala Chai 或者 Chai Tea）很流行，原料包括：豆蔻、丁香、八角、肉桂、姜、红茶、糖和牛奶。这种奶茶看原料很奇特，但是喝起来真的香甜、浓郁、顺滑、可口。饮用之后解乏、暖身，还饱肚，是适合冬日的茶饮。

精油　Essential Oils

精油是许多经典英式混合茶不可缺少的原料,比如英国最出名的"伯爵茶"就添加了香柠檬精油,具有独特的柑橘清香。现今的英国茶,除了最基本的柑橘、鲜花和香料类精油,还开始使用牛奶、焦糖、奶油、可可等风味的精油,使得配方更年轻化。街头茶店和超市里,奶香巧克力、焦糖摩卡、香草冰淇淋等千奇百怪的调味茶比比皆是,创意惊人。

经典英式茶

在英国，混合调味茶配方众多，口味推陈出新，让人眼花缭乱，不知从何下手。其实最经典的调味茶莫过于伯爵茶，英国人喝得最多的茶非早餐茶莫属，最清雅适合清饮的是下午茶，而最具异国情调的就是印度香料奶茶了。

伯爵茶
Earl Grey

原料：大吉岭、高海拔锡兰、中国红茶、香柠檬精油等

特点：清新柔和，带柑橘香气

冲泡：95℃，建议清饮，也可加牛奶和糖，但不宜加柠檬

搭配：玛德莲蛋糕（madeleine）

伯爵茶是英式第一名茶。各大品牌都有自己的混合配方，但万变不离其宗。基底茶通常选用中国祁门、大吉岭、高海拔锡兰等滋味清新淡雅的红茶，再加入香柠檬精油，使得这款经典茶香气格外清新迷人。有些品牌还加入柑橘类果皮、矢车菊和金盏花瓣，一改茶叶的沉闷颜色，使得干茶看起来鲜艳雅致，提升茶品档次。

如今，伯爵茶渐渐自成一类，在传统的经典配方上，发展出加入薰衣草和橙皮的仕女伯爵茶（Lady Grey）和使用南非红茶的 Rooibos Grey。

另外，英国咖啡馆和茶室里常见的饮品 London Fog 就是由伯爵茶添加奶沫、香草、糖浆制成的红茶拿铁。到了伦敦，一定要试试哦！

早餐茶
Breakfast Tea

原料：阿萨姆、肯尼亚出产的红茶、
　　　低海拔锡兰等
特点：口感浓郁饱满、香气浓郁、汤色深红
冲泡：100℃，加糖加奶
搭配：全英式早餐（full English breakfast）

~~~~~~~~~~~

英式早餐茶是全英上下全民共享的茶品，又叫"开眼茶"。早上一杯，加了牛奶和糖的早餐茶香浓可口，提神醒脑，配合丰富的全英式早餐，是精力充沛地迎接新一天的正确打开方式。这款经典英式茶采用口味浓郁的茶叶，例如阿萨姆、肯尼亚出产的红茶或低海拔锡兰红茶，口感饱满，香气丰富，汤色深红，咖啡因含量较高。

早餐茶有地域特点，不同区域的人们爱好不同口味。
· 经典英式早餐茶：以印度、肯尼亚出产的红茶和低海拔锡兰红茶为主。
· 爱尔兰早餐茶：比经典英式早餐茶更浓郁，茶以阿萨姆红茶为主，有较浓郁的麦芽芳香。
· 苏格兰早餐茶：苏格兰水质偏软，当地人喜爱浓茶，因此苏格兰早餐茶是英伦三岛中最浓郁的。

下午茶
Afternoon Tea

原料：大吉岭、锡兰、中国红茶等
特点：清新优雅，香气浓郁
冲泡：95℃，建议清饮，也可加牛奶和柠檬
搭配食品：英式松饼、蛋糕和饼干

作为午后消遣小憩的下午茶不同于早餐茶的饱满浓郁，英式下午茶更优雅清淡。原料通常为高低海拔的锡兰红茶混合起来，精致细腻。可以清饮，也适合加入牛奶和柠檬。

品质较高的下午茶通常选用大吉岭、祁门等高端红茶做底，再混入少许乌龙、矢车菊或玫瑰花瓣等，有时还会加入柑橘类精油，突出清新高雅的口感。这种下午茶则适合清饮。

印度香料奶茶
Masala Chai

原料：阿萨姆红茶、肉桂、丁香、豆蔻、姜、糖、奶

特点：浓郁辛香，暖胃，适合冬季

冲泡：煮茶，茶、奶、香料煮开后一分钟熄火，再加入糖

搭配食品：椰子味糕点和饼干

第一次喝印度香料奶茶是在一位印度朋友家中。记得那天是一个晴朗的下午，她煮了印度"Chai"，还准备了印度甜点心。从落地玻璃门射进厨房的阳光洒在原木餐台上，逆着光透过马克杯里升起的热气，我打量着这个小小的厨房。热烘烘的茶捧在手中，肉桂生姜的辛香味扑面而来。入口又甜又辣，滋味饱满，奶茶混合了印度香料，味道出奇得好。来自印度的香料奶茶现在已经普及至全世界，成为许多咖啡馆和茶室的特色茶之一。

正宗的印度香料奶茶是煮茶。茶、奶和香料煮开后一分钟熄火，这样茶和香料的味道便完全释放出来，再加入糖，就是一杯色香味俱全的印度香料奶茶了。

英国五大茶品牌

红茶是英国人最骄傲的文化，英国茶品质量有保证，包装精美，品种丰富。如果到了英国，一定要买一些经典茶，除了自己饮用，还是赠送亲朋好友的上好礼品。这里介绍的五大名牌茶品，不但历史悠久、风格显著，还提供多种价格和包装，丰俭由人。

福南梅森　Fortnum & Mason

英国皇室御用茶

地址：　181 Piccadilly, London W1A 1ER
网址：　www.fortnumandmason.co.uk
价格：　茶包 25 个装£4.5 起，罐装散茶 250 克£11.95 起

位于伦敦市中心奢华的梅菲尔区（Mayfair）的福南梅森百货，创立于 1707 年，地址至今仍在皮卡迪利（Piccadilly）181 号，是英国伦敦最著名的品牌之一，也是销售高级食品和各种奢侈品的食品店和百货商店。从西方与远东开始贸易到英国本土第一次收获茶叶，福南梅森从世界各地采购、调配，致力于把最优质的茶叶提供给英国消费者。

推荐茶品 〰〰〰〰〰〰〰〰〰〰〰〰〰〰〰〰〰〰〰〰〰

福南烟熏伯爵茶　Smoky Earl Grey

250 克罐装散茶　250g Loose Leaf Caddy

应白金汉宫请求而诞生的"福南烟熏伯爵茶"是由香柠檬，正山小种和火药茶（珠）混合而成的。正山小种烟熏味浓郁，深受欧洲人喜爱；珠茶又称"平水珠茶"，是将炒青绿茶制成一颗颗圆球状。和正山小种一样，珠茶于 17 世纪流入欧洲，成为当红的中国外销绿茶，香气浓、耐久泡，还有"绿色珍珠"的美誉。这款烟熏伯爵茶香气高雅，滋味醇厚，透着淡淡的柑橘清香，很是惹人喜爱。

皇家调制茶
250 克罐装散茶

Royal Blend Tea
250g Loose Leaf Caddy

福南梅森最出名的"皇家调制茶"是镇店之宝。这款气味典雅端庄，口感充满贵族气质的红茶，是在 1902 年夏天专门为爱德华七世调配的阿萨姆和低海拔锡兰混合茶。后者为阿萨姆的麦芽香添加轻快而令人振奋的元素。品一口"皇家茶"，浓郁的阿萨姆味道明显，然后锡兰的香甜顺滑接踵而至，整体口感浓厚甘醇，滋味强烈，有王者之势，与牛奶搭配更可口。

安妮女王调制茶
250 克罐装散茶

Queen Anne Blend
250g Loose Leaf Caddy

如果喜爱较清新的口感，可以选择"安妮女王调制茶"。这款于 1907 年福南梅森成立 200 周年时调配的茶是由阿萨姆和高海拔锡兰混合而成，配方比例中的阿萨姆茶底比起皇家茶，分量稍轻，所以口感明快清新，适合全天候清饮。

东印度公司　The East India Company

小众高端精品

地址：7 Conduit Street, Mayfair, London W1S 2XF

网址：www.theeastindiacompany.com

价格：茶包 20 个装£4.5 起，罐装散茶 125 克£15 起

这是一家身世扑朔迷离的公司。一说起东印度公司，不免令人想到三百年前那家垄断对印度贸易的英国东印度公司，联想起大英帝国的殖民主义和鸦片战争。从公司网站的宣传看来，这就是那个富有传奇色彩、赫赫有名的东印度公司。然而，其实此东印度公司非彼东印度公司。这是 2005 年被一个商人收购"东印度公司"招牌而成立的高端食品公司。但无论怎样，这确实是一家惹人喜爱的高级食品行。现今，这家旗舰店位于伦敦西区中心、靠近邦德街（Bond Street）购物街的东印度公司是值得一逛的好去处。

店内的装饰东方色彩浓厚，以番红花色调为基底，华贵中透露着雅致，热情中又包含一丝含蓄。店内高低错落地陈列着琳琅满目的茶叶、咖啡、巧克力、饼干、果酱和各种调味品，包装精美独特，既是礼品又是艺术品。这里的茶叶超过一百四十款，风味独特，是品质绝佳的小众精品。挑选茶叶的同时，还可以欣赏一下价值不菲的各款精美骨瓷茶杯，或者干脆一起买回家，好茶配好杯。

东印度公司的产地茶值得推荐。阿萨姆、大吉岭和锡兰这些常备茶款的表现都很好，价格比起其他茶品只是略高。

大吉岭 2017
头采散红茶

40 克袋装

Darjeeling First Flush
2017 Loose Black Tea

Pouch 40g

2017 年春茶，原料采用一芽一叶，控制苦涩度，提升花果香气。值得注意的是，虽说是红茶，但近些年的大吉岭高档春茶发酵程度偏低，茶叶偏绿，茶汤黄绿明亮，花香馥郁，口味清甜，略带一丝涩。

士丹顿伯爵茶

茶包 20 个

The Staunton Earl
Grey Black Tea

Sachets × 20

伯爵茶是英国茶的代表，各大品牌都有自己的特色。东印度公司的伯爵茶以乔治·士丹顿（George Staunton）命名，来纪念这位英格兰旅行家和东方文化研究者。这款茶味道浓郁，香气高扬，用来冲泡奶茶很出彩。

昂吉尔总督
孟买香料茶

125 克罐装散茶

Governor Aungier's
Bombay Chai

125g Loose Tea Caddy

印度香料奶茶在英国很流行，各大茶品牌都有相应的茶品，也是伦敦街头茶室和咖啡店的常备茶品。东印度公司这款茶以曾经担任孟买总督的英国人 Gerald Aungier 命名，他在位期间大力发展孟买的商业，确立了孟买的商业大都市地位。这款调味茶用印度红茶为底料，加入肉桂、丁香和豆蔻，滋味浓郁，富有活力，与牛奶和糖混合，就是一杯非常具有异国风味的奶茶。

哈洛德百货　Harrods

大方手信

地址：87-135 Brompton Road, Knightsbridge, LondonSW1X 7XL

网址：www.harrods.com/en-gb

价格：茶包 20 个装 £4.5 起，罐装散茶 125 克 £9.5 起

到了伦敦，无论如何不能不逛逛极尽奢华的世界顶级百货哈洛德百货。历史悠久的哈洛德百货，论装潢、论品味、论内涵都不输给世界上任何一家百货，不愧为世界上最富盛名的百货公司。

其位于一楼美食部的茶叶专区也可圈可点。这里的茶品琳琅满目，混合茶叶大都有编号，只有畅销的茶品才会持续生产，因此编号并不连续。哈洛德百货的茶品从顶级世界庄园金罐系列、古色古香的传统系列，到不含咖啡因的花果茶，应有尽有，丰俭由人。

推荐茶品 ～～～～～～～～～～～～～～～～～～～

大吉岭欧凯迪庄园红茶　Darjeeling Okayti Treasure

125 克散装　　　　　125g Loose Tea

大吉岭欧凯迪茶园茶经过采茶师长达 8 小时的静心挑选，约 60 克茶叶中只有 15 到 20 克才能被制作成此款茶。在众多的茶树中，只有极少部分茶树能产出这种高品质的茶叶。清晨采摘，手工揉捻，这款茶外观明亮金黄，口感富含新鲜水果的风味。

No.18 乔治亚特调
50 个茶包罐装

No.18 Georgian Blend
Caddy with 50 Tea Bags

此款茶由印度阿萨姆和大吉岭，斯里兰卡锡兰茶混合调制而成，口味平衡和谐，醇厚中透出大吉岭的清香，适合加糖、蜂蜜和牛奶。

哈洛德花果茶系列：春之卉、夏之阳、秋之枫、冬之霜、庆生
125 克罐装散茶

Harrods Fruit & Herbal: Spring, Summer, Autumn, Winter, and Birthday Celebration
125g Loose Leaf

这个系列的花果茶除春之卉外，都不含茶，因此不含咖啡因。花果茶是西方的传统饮料，朴实健康，回归大自然，是欧美人士的养生茶饮。此系列包括春夏秋冬和庆祝生日茶，包装设计精美，寓意美好，是送礼的好选择。其中夏之阳加入苹果、洛神花、玫瑰果及莓类，茶汤色泽红艳，口感酸甜清新，冷热皆宜，最适合夏天制作冰爽甜美的冷冻茶。

Whittard of Chelsea

百年大众精品

地址：435 The Strand, London WC2R 0QN
网址：www.whittard.co.uk
价格：茶包 50 个装 £4.5 起，罐装散茶 100 克 £11.5 起

于 1886 年在英格兰创立的 Whittard，是英国历史悠久的茶叶品牌。茶不属于超市级别，而是经品牌开设的专卖店出售。Whittard 在全英有五十多家零售专卖店，主要贩售茶叶、咖啡、巧克力、甜点及精致茶具等。

Whittard 的茶品包装体贴别致，每种产品均有四种包装：金属罐装散茶、纸袋装散茶、盒装独立包装茶包和盒装经济茶包。价格也很亲民，是入门级优质选择。

推荐茶品 ~~~~~~~~~~~~~~~~

英式早餐茶包　English Breakfast
25 个装独立包装　25 Individually Wrapped Teabags

发源于苏格兰爱丁堡的早餐茶，混合了阿萨姆、锡兰和肯尼亚茶叶的茶包，口味浓郁，尤其适合早上提神爽气、去油解腻。此款茶品适合加牛奶和糖，美美的一天从一杯香醇浓郁的奶茶开始。

下午茶　　　　　Afternoon Tea

100 克罐装散茶　　　100g Loose Tea Caddy

是 Whittard 卖得最好的茶之一，采用了中国红茶、乌龙和茉莉绿茶，有清幽的茉莉花香。英国下午茶比起早餐茶，口味淡雅，适合清饮。

英国玫瑰红茶　　　English Rose

这款是为了纪念戴安娜王妃而调制的。以顶级锡兰红茶为基底并加入了英国国花玫瑰，有着十足的玫瑰香气，喝来顺口细致，也适合加入牛奶。暖暖的午后配上一杯浓浓的散发着玫瑰香味的奶茶，温暖惬意，纵有何求？

皮卡迪利混合茶　Piccadilly Blend

以伦敦购物圆环中心的"Piccadilly"（皮卡迪利）取名，象征着英国长远的历史。这款红茶有着玫瑰、草莓和莲花等香气，喝来有如莓果茶般，搭配轻盈法式蛋糕，即时仿佛身在皮卡迪利，享受繁华与优雅的下午茶。

水果花草茶　Fruit & Herbal Tea

Whittard 的水果花草茶也是经典产品。由一种或几种水果或花草拼配而成，口感酸酸甜甜的，适合加蜂蜜调饮。推荐梅子系列，清新开胃，是夏天冷饮的最佳选择。

川宁　Twinings

平价超市代表

地址：216 Strand, London, WC2R 1AP

网址：www.twinings.co.uk

价格：茶包 50 个装 £2.99 起，罐装散茶 100 克£6 起

川宁茶是英国最古老而经典的茶品牌之一，是一个飘香 300 年的优雅茗香传奇。川宁茶贯穿高中低档，在各大超市、卖场几乎都能看到它的身影。自 1706 年诞生以来，川宁茶引领着英国饮茶文化的新潮流。在全世界爱好茶文化的人眼中，川宁茶就是英国饮茶的代表。

现今，英国人民家中必备的川宁茶，更风靡全世界一百多个国家。甄选最优良的品种作为川宁经典红茶，从全世界各个著名的产茶区采摘最新鲜的茶叶，是川宁的服务宗旨。英国茶以调配茶著称，川宁的每一个调配专家不但对各产茶国有着广泛了解，更对某一个特定产茶区域有着集中深入的专业知识。这样，川宁能够以最优质的原料为基础，不断开创新口味，从而引领茶饮潮流。

走进伦敦川宁茶老店，狭长的店面，装饰优雅古朴，历史感很强。川宁茶的突出特点是：茶叶品种繁多、包装精致独特，英伦味儿与茶香一起扑面而来。川宁出售一种木制有隔断的礼盒，精致大气，绘有川宁的金色标志，顾客可以自由搭配不同口味，让收礼人切身感受到品牌的典雅，是旅英人士最佳手信。

经典英式茶

伯爵红茶

100 克罐装散茶

Earl Grey

100g Loose Tea Caddy

清新的口感，融入淡淡的香柠檬芬芳，最适合在午后时光用一颗闲适的心细细品尝。尤其柑橘芬芳，更能让繁杂的心境随之沉淀，时时刻刻注入新的力量。饮用时不需要添加柠檬，享用原味或添加少许牛奶都是不错的选择。

仕女伯爵红茶

100 克罐装散茶

Lady Grey

100g Loose Tea Caddy

仕女伯爵红茶是为格雷家族的成员——格雷二世的夫人所调制的，添加柠檬与香橙的果皮，带入柑橘、柠檬的酸香气息，使茶叶呈现丰富的果香口感，风味更清新，口感更柔和。

英式早餐

茶包 100 个装

English Breakfast

100 Tea Bags

经典调和风味，口感较为扎实饱满，味道稍强劲，混合阿萨姆及肯尼亚茶等味道鲜明的茶，带有阿萨姆红茶的特殊麦香。适合搭配口味浓郁的英国传统早餐，有助于去油解腻。浓郁的口感亦适用于调配英式奶茶。

以上茶品均包括茶包和罐装散茶供您选择。

清香花果茶也是川宁的一大特色。其配方富有创意，口味独特，堪称"神奇"。石榴与覆盆子、蔓越莓与血橙、柠檬与生姜，和黑加仑子与人参香草，这林林总总的口味里，总有几款适合你。各种创新口感不但能够成功吸引年轻人，还有助于保持老顾客的新鲜感。慵懒的清晨冲泡一杯川宁清新花果茶，使人精神百倍。

除川宁外，其他大众超市品牌还包括：Clipper Tea、PG tips、Pukka Herbs、teapigs、Tetley、Typhoo、Yorkshire Tea 等，为爱茶人提供丰富的选择。

国际红茶等级

当选购英国红茶时，你可能注意到包装上一连串的英文字母，例如：FTGFOP、FOP、BOP等，令人迷惑不解，即使是喝茶很久的人也未必清楚这些标示的意义。有人说，英文字母越长就是等级越高，表示茶的品质越好。真的是这样吗？要买的明白，喝的明白，还是要搞清楚这些字母的含义才好。

这些英文缩写是红茶等级的标示，只在产地茶的包装上显示，混合茶和调味茶则通常不会显示茶叶等级。国际红茶体系很完善，根据包装上的等级标示购买茶叶，预算和品质都在掌控中。

以下从最基本的等级开始认识红茶国际等级。

全叶茶　Whole Leaf

P.（**Pekoe**）

白毫

最初是指"一芽两叶"里的芽。红茶最早是被荷兰人从福建带入欧洲，而白毫的福建口音是：Peh-Ho，就是荷兰文 Pekoe。后来英国人开始茶叶贸易，Pekoe 就成了英文中的外来文，一直沿用至今。但是随着国际红茶等级的不断发展，Pekoe 已经脱离了白毫的原始意义，现在普遍指新鲜的嫩叶。

O.P.（**Orange Pekoe**）

橙黄白毫

这个"橙"字很容易令人误解成橙味，或者被牵强附会地说成采摘的嫩芽带有橙黄颜色或光泽。茶叶最早是被荷兰人引进欧洲，而橙色是荷兰的代表色，在白毫 P 前加上 O，来强调茶叶的高贵，现在也只是一个茶的基本分级标示。

F.O.P.（**Flowery Orange Pekoe**）

花橙白毫

F.O.P. 就是中国茶所说的"一芽两叶"，而 O.P. 是不带芽的。以 F.O.P. 花橙白毫的采摘条件再继续分级，等级越高，代表茶的完整度与含芽量越高。

G.F.O.P. （**Golden Flowery Orange Pekoe**）

金黄花橙白毫

Golden 是指嫩芽尾端金黄色的部位，这个级别的茶叶带有较多较嫩的芽头。

T.G.F.O.P. （**Tippy Golden Flowery Orange Pekoe**）

显毫金黄花橙白毫

Tippy 是细芽的意思。这个级别的茶的金黄嫩芽含量更高，品质更好。

F.T.G.F.O.P. （**Finest Tippy Golden Flowery Orange Pekoe**）

细嫩显毫金黄花橙白毫

Finest 是细嫩的意思。茶叶含芽量达 25% 以上，品质相当高。这个级别的茶太珍贵，有人开玩笑戏称 FTGFOP 是"Far Too Good For Ordinary People"，意思是这种茶叶太好了，不是普通人可以享受的。

S.F.T.G.F.O.P. （**Special Finest Tippy Golden Flowery Orange Pekoe**）

特级细嫩显毫金黄花橙白毫

Special 是特别的意思。这是红茶的最高等级。这个级别的红茶品质相当高，也很罕有。

除英文字母外，偶尔还会出现如数字"1"的标示，比如 T.G.F.O.P.1，意思是该级别里较为顶尖的级别。

碎叶茶　Broken Leaf

B. 代表 Broken，指的是全茶叶经过筛选后留下来的碎茶叶，等级由高到低，区分如下：

T.G.F.B.O.P. (Tippy Golden Flowery Broken Orange Pekoe)

显毫金黄花橙白毫碎叶（碎茶叶的最高等级）

G.F.B.O.P. (Golden Flowery Broken Orange Pekoe)

金黄花橙白毫碎叶

G.B.O.P. (Golden Broken Orange Pekoe)

金黄橙白毫碎叶

F.B.O.P. (Flowery Broken Orange Pekoe)

花橙白毫碎叶

B.O.P. (Broken Orange Pekoe)

橙白毫碎叶

B.P. (Broken Pekoe)

白毫碎叶

B.P.S. (Broken Pekoe Souchong)

小种碎叶

碎茶叶再筛选下来，就是细碎叶茶和茶末等级（Fannings and Dust），也就是廉价茶包中用到的粉末状茶叶。在这里就不一一论述。另外，如果看到 CTC（Crush, tear, curl），则指的是一种茶叶加工方法，是茶叶在制造过程中以机器做辗压、切碎和揉捻的动作。

红茶分级的主要名词

B ：　　**Broken**　　碎型

D ：　　**Dust**　　茶粉

F ：　　**Finest**　　细嫩

F ：　　**Flowery**　　花香

Fgs ：　　**Fannings**　　碎片

G ：　　**Golden**　　金黄

O ：　　**Orange**　　橙黄

P ：　　**Pekoe**　　白毫

S ：　　**Special**　　特别的

T ：　　**Tippy**　　细芽

掌握了红茶的等级规范，消费者就容易分辨茶叶品质的高低，但是仍无法判断茶叶的滋味。虽然茶叶的等级和风味在一定程度上成正比，但并不绝对，尤其是不同庄园、不同品种，以及加工过程的差异，相同等级的茶叶，茶汤的表现还是会有不同。想找真正适合自己的茶，还是要在选定级别范围后，亲自品尝才好。

参考文献

Heiss, Mary Lou & Heiss, Robert J. (2010). *The Tea Enthusiast's Handbook: A Guide to Enjoying the World's Best Teas*. California: Ten Speed Press.

Pettigrew, Jane & Richardson, Bruce. (2014). *A Social History of Tea: Tea's Influence on Commerce, Culture & Community*. Danville: Benjamin Press.

Pettigrew, Jane. (2004). *Afternoon Tea*. Norwich: Pitkin Publishing.

Rose, Sarah. (2009). *For All the Tea In China: How England Stole the World's Favorite Drink and Changed History*. London: Penguin Books.

Fortnum & Mason Plc. (2010). *Tea at Fortnum & Mason*. London: Ebury Press.

Simpson, Helen. (2006). *The Ritz London Book of Afternoon Tea: The Art and Pleasures of Taking Tea*. London: Ebury Press.

鸣谢

感谢简珮蒂葛鲁（Jane Pettigrew）女士为本书作序，并耐心而详尽地解答我对英国茶的诸多疑问。

感谢以下酒店和公司提供精美图片（按字母排序）：

Betty's Café Tea Rooms

Claridge's

Fortnum & Mason

Hotel Café Royal

Panoramic 34

The East India Company

The Goring

The Ritz London

Twinings

Whittard of Chelsea

图书在版编目（CIP）数据

苹果树下的下午茶：英式下午茶事／秋宓著． -- 上海：上海三联书店，2019.3
ISBN 978-7-5426-6511-9
Ⅰ．①苹... Ⅱ．①秋... Ⅲ．①茶文化－英国 Ⅳ．① TS971.21

中国版本图书馆 CIP 数据核字（2018）第 230144 号

~~~~~~

苹果树下的下午茶：英式下午茶事

著　　者 / 秋　宓
责任编辑 / 黄　韬
特约编辑 / 钱凌笛
装帧设计 / 周安迪
监　　制 / 姚　军
责任校对 / 王凌霄
出版发行 / 上海三联书店
　　　　　（200030）中国上海市徐汇区漕溪北路 331 号 A 座 6 楼
邮购电话 / 021-22895540
印　　刷 / 上海展强印刷有限公司
版　　次 / 2019 年 3 月第 1 版
印　　次 / 2019 年 3 月第 1 次印刷
开　　本 / 890 x 1240　1/32
字　　数 / 76 千字
印　　张 / 6.5
书　　号 / ISBN 978-7-5426-6511-9/G·1508
定　　价 / 108.00 元

敬启读者，如发现本书有印装质量问题，请与印刷厂联系 021-66510725

晚指三明治
Sandwiches

下午茶的轻松时光，除了有"靓茶"，还要佐以晚指最小点心才好。英式下午茶的美味点心一定是从华丽三层蛋糕架最下层的三明治开始。不吃完三明治，不让三明治纯化一下你的食欲，是不允许你碰上层的蛋糕和英式松饼的。这么样，诺位也能够在甜食面前适当控制自己，不至于吃过了头，又要频恼如何减肥。

所谓三明治不外乎就是两片面包中间夹上各种馅料，而这种简单、巧妙又实际的食物居然花了一个多世纪才进化成今天的模样。

三明治的雏形形成于中世纪时期。那时候人们拿粗厚的，通常不新鲜的面包作为盘子使用，食物高高地堆在面包上。餐后，被食物浸染过的"面包盘"就喂狗或给乞丐，当然用餐者也可以自己吃掉。这类即用即弃免洗的"面包盘"是开放三明治的先锋。

"Sandwich"的名字来自18世纪英国贵族"三明治伯爵"（Earl of Sandwich）。这位伯爵打牌上瘾，嗜赌为命，过着24小时不间断打牌赌博的荒糜生活。

人生就像三明治。

出生是一片面包，死亡是另一片面包。

你自己选择夹在中间的馅料。

你的三明治味美还是酸涩?

—— 艾伦·鲁弗斯，美国作家

Life is like a sandwich!
Birth as one slice,
and death as the other.
What you put in-between
the slices is up to you.
Is your sandwich tasty or sour?
— Allan Rufus, American author

1762 年的一个晚上，他饥饿难忍，肚子咕咕作响，满脑子钻石和金钱的他不得不让面包和牛肉挤进思维。然而，他着实懒得正正经经地吃一顿饭，也不愿意用拿肉的手把小扑牌弄得油腻不堪。"有什么可以填饱肚子的，尽管拿来!"他咆哮道。在这个左右为难的时刻，他忽然灵光乍现。

他招来男仆，低声吩咐了几句。不一会儿，仆人上来，递给他一份食物——两片面包夹着一大块牛肉。同桌的赌徒们啧啧称奇，惊叹这个"绝世巧技"。伯爵狼吞虎咽地三口两口吃掉这个世界上第一个三明治，然后在那一晚一鼓作气赢得一万英镑。

三明治最早被视为夜晚赌钱和饮酒时大家分享的食物，后来地位逐渐提升到贵族们的消夜。19 世纪间，三明治在英国的受欢迎度快速攀升，随着工业社会的发展，三明治配方简单，携带方便，价格便宜而成为工人阶级不可或缺的食品。

正宗的英式下午茶，比如丽兹酒店（Ritz）的下午茶，通常以精美的茶具伴以小巧去皮的三明治开始。下午茶的经典三明治馅料有：黄瓜薄片，奶油芝士和烟熏三文鱼。所有配方都以清淡为主，通常配全麦面包。另外还有：熏火腿薄片，鸡蛋黄酱和水芹菜碎车打芝士，通常配白面包。馅料拌好后，所有面包都去皮，切成一英寸宽的手指三明治，这样清淡，营养，小巧且易吃的三明治就准备好了。

奶油芝士小黄瓜三明治

Cucumber & Cream Cheese Sandwiches

黄瓜三明治是下午茶的贵族，孤傲，雅致且无可挑剔。调味料是这款经典三明治的关键。几滴白酒醋提升黄瓜的味道，白胡椒粉则使奶油芝士（cream cheese）的咸鲜味更加突出。

食材 INGREDIENTS

奶油芝士

白胡椒粉

黄瓜

白酒醋

加盐牛油

白面包片

全麦面包片

步骤 INSTRUCTIONS

1. 奶油芝士混合少许白胡椒粉
2. 黄瓜切薄片，加少许白酒醋，置于容器备用
3. 奶油芝士均匀涂在全麦面包上，摆上黄瓜片
4. 白面包片均匀涂上牛油，盖在全麦面包上
5. 切去面包皮，切成四块长条形手指三明治

烟熏三文鱼法式酸奶油欧芹三明治

Smoked Salmon and Herb Crème Fraîche Sandwiches

轻盈的法式酸奶油（crème fraîche），新鲜欧芹（parsley）和芥末酱，为这款美味的三明治增添了多重口感，滋味咸鲜浓郁，是下午茶的必选之一。

食材 INGREDIENTS

加盐牛油

全麦面包两片

烟熏三文鱼片

法式酸奶油

法式第戎芥末酱（Dijon mustard）

新鲜欧芹末

一小块柠檬

步骤 INSTRUCTIONS

1. 面包均匀涂上牛油

2. 法式酸奶油，第戎芥末酱和欧芹末拌匀，涂在两块面包片上

3. 烟熏三文鱼片平铺在一片面包上

4. 挤几滴柠檬汁在三文鱼上

5. 盖上另外一片面包

6. 切去面包皮，切成长条形或四块三角形

鸡蛋三明治
Egg Sandwiches

鸡蛋三明治是三明治中的经典，下午茶必备之点心，华美的点心架上总有它的一席之地，简单美味，永远吃不够。这种家庭风味的手作三明治是单纯鸡蛋的香味搭配松软的方包。松软绵滑的口感，朴实的鸡蛋香味，简单而清爽。美好的下午茶时光，从分享一份柔软的鸡蛋三明治开始吧。

食材 INGREDIENTS

全熟煮鸡蛋

蛋黄酱

牛油

白面包片

盐少许

白胡椒粉少许

步骤 INSTRUCTIONS

1. 全熟鸡蛋剥皮切成小粒
2. 蛋黄酱、鸡蛋加少许盐和胡椒粉，拌匀
3. 面包片均匀涂上牛油
4. 把鸡蛋馅料均匀涂在一片面包上，盖上另一片
5. 切去面包皮，切成长条形

龙蒿牛油鸡肉三明治

Chicken with Tarragon Butter Sandwiches

有着香味道的龙蒿和烧鸡完美地契合，味道鲜美，配核桃面包，口感更丰富。英国超市里售卖各种鸡肉，我喜欢只是加了盐的烧烤无调味白色鸡胸肉，这样简单更能保留鸡肉的鲜味，也可以用各种口味的烧鸡肉，比如烧烤鸡肉，酱红色鸡肉配白面包，看起来很有食欲。龙蒿可依照个人口味，用莳萝或其他香草代替。

食材 INGREDIENTS

加盐牛油
龙蒿末少许
核桃面包片
薄切烧鸡肉

步骤 INSTRUCTIONS

1. 龙蒿末和牛油拌匀，均匀涂在面包片上
2. 鸡肉夹在两片面包中
3. 切去面包皮，切成三角形

魔力英式松饼
Scones

经典的英式下午茶除了茶之外，有一个不变的主角，就是英式松饼，又叫司康。英式松饼源自 1500 年代的苏格兰，是苏格兰人的快速面包。最早以燕麦为原料的英式松饼于 19 世纪初期成为下午茶的主要点心之一。"Scone" 的名称由来，相传与苏格兰历代国王的加冕有关。苏格兰国王在进行加冕仪式时，都会坐在一块名为 "Stone of Scone" 的石头之上，而由于英式松饼这种烤饼跟这块石头的造型很像，因而得名。Scone 地道的英式读音是 "sk'on"（司刚），"o" 与 "gone" 的发音相同。而不是我们按照拼音规则读成的 "sk'own"（司页），"o" 不能读做 "own"。去吃下午茶的你，可千万不要读错哦。

在英式三层下午茶中，三明治等小咸点会放在底层，小蛋糕或水果挞等甜点则放在顶层，中间层就是放传统点心英式松饼，让用餐者能循序渐进，从咸食吃到甜食。英国的茶室除了传统丰富华丽的三层下午茶之外，还会在下午茶的餐牌里列一项：Cream Tea。可千万不要以为这是加了奶油的红茶。Cream Tea 是简易版的下午茶，是由茶、英式松饼、凝脂奶油（clotted cream）和草莓果酱组成的四合一茶套餐。这种简便的茶点组合很受欢迎，尤其是松

饼皮的最佳选择。无论是正宗的下午茶还是简单的 Cream Tea，英式松饼都是永远的主角。这个小小的松饼有什么魔力，让这样着迷呢？

英式松饼的口感比饼干松软，比蛋糕硬，比面包松散。更重要的是，不能太弹牙，也不能一咬就碎掉，所以不是每家做的都好吃。好吃的松饼牛油味浓厚，入口松松即化，容易饱肚。英式松饼有很多种，经典款一般来说材料只有面粉、牛奶、苏打粉，糖和牛油。加了果仁和无核小葡萄干的英式松饼口感更加丰富，也很惹人喜爱。还有一种全麦松饼，在约兑郡上的一家糕饼店里吃过，入口松化，麦香十足，让人难以忘怀。

英式松饼是美味的凝脂奶油和果酱的完美载体。凝脂奶油又叫浓缩奶油，源自于英国西南部的德文郡（Devon），是用新鲜浓稠的牛奶做成的浓郁鲜奶油，吃起来不会油腻，口感也比鲜奶油要香浓。它是 Cream Tea 不可或缺的元素，Cream Tea 的名字也是由它而来。搭配的草莓果酱要有很多草莓果肉的自家制果酱才好。英式松饼的材料很简单，制作时不需像一般做面包那样，要苦苦揉甩打，也不需花上一时半刻等发酵，是相当简单、速成的小点心。简单中见真功夫，英式松饼常常是厨师们之间比赛的项目。同样的食谱，同样的材料，不同人制作会产生味道口感截然不同的英式松饼。单单是关于牛奶的选用就有很多不同意见，有的认定士和酪乳（buttermilk）代替鲜牛奶会做出更好吃的英式松饼。

我总有一条退路——大不了移居穷乡僻壤，开一间英式松饼店。
——安德鲁·兰内斯，美国演员及歌手

Always my fallback is - I'm gonna move to a poor town and open a scone shop.
— Andrew Rannells, American actor and singer

英式松饼务必现烤现吃，从烤炉直接上桌是最完美的。烤得好的松饼颜色金黄，有点歪歪的样子，一边膨起，鼓胀得像要裂开，就从胀大的部位应用手从中间水平掰成上下两半，切忌用餐刀切成左右两半。掰开的松饼中间正冒着热气，凝脂奶油和草莓酱就上场了。

究竟先添奶油还是果酱，要看你在什么地方吃英式松饼。在英国的德文郡，先添凝脂奶油，因为热爱凝脂奶油的当地人认为先添奶油会比较容易多添一些；而在康沃尔（Conwall）则是果酱先行。无论次序如何，都是添一口吃一口。我通常喜欢先添上冰凉的凝脂奶油，再添上草莓酱，这样的英式松饼红白相映，很漂亮，入口先是酸甜，然后是冰凉和温热，幼滑与松化的混合口感，任浓郁的奶香在口中慢慢融化，蔓延开来。这是天堂的滋味，是滋味的天堂。

SCONES

福南梅森乳酪英式松饼
Fortnum & Mason's Scone

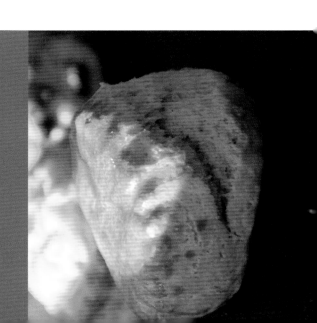

福南梅森的下午茶被誉为"英女王下午茶",其钻禧品茶沙龙提供的下午茶英式松饼近些年亦有改良,个头小了,奶味更浓郁,口感更松化。福南梅森的配方里,用酪乳代替鲜牛奶,使得英式松饼奶味更浓,口感更轻盈、松软。如果不喜欢甜食的朋友可以不加糖,加一小撮盐代替。

食材 INGREDIENTS

(14个英式松饼)

85克无盐牛油
(冷藏、切成小粒,另备少许润盘)

250克自发粉(过筛,另备少许撒面)

1茶匙泡打粉

30克白沙糖

150毫升酪乳

1个中型鸡蛋

牛奶少许

步骤 INSTRUCTIONS

1. 取大碗一只,把牛油揉进面粉中直至松散状态。加入泡打粉和糖

2. 另取一只碗,把酪乳、鸡蛋打散

3. 在面粉中间弄一个坑,用刮刀把所有材料混合起来,做成面团,放冰箱冷藏30分钟

4. 把面团擀成2.5厘米厚,用直径5厘米的圆形模子压出小圆饼

5. 烤盘刷上薄薄一层油,面饼放上去,并刷上牛奶(或蛋液)

6. 烤箱预热220℃/煤气烤箱7度

7. 烤15分钟左右,烤至表面金黄

8. 趁热,和凝脂奶油及果酱一起上桌

SCONES

福南梅森蒙哥马利车打芝士英式松饼
Montgomery's Cheddar Scones

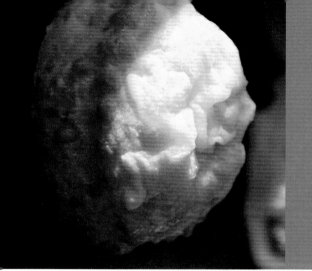

产于英国的蒙哥马利牛打芝士（Montgomery's Cheddar）偏干，味道香甜且带有坚果香。一茶匙英式辣芥末酱能够完美带出牛打芝士的甜味。

食材 INGREDIENTS

（15 个英式松饼）

- 40 克水添加盐牛油（切粒）
- 275 克自发粉（过筛）
- 1 茶匙泡打粉
- 75 克蒙哥马利车打芝士（切粒，或用其他车打芝士代替）
- 200 毫升酪乳
- 1 个中型鸡蛋
- 1 茶匙福南梅森英式辣芥末酱
- 少量盐

步骤 INSTRUCTIONS

1. 取大碗一只，把牛油搓进面粉中直至呈松散状态。加入泡打粉和芝士。
2. 另取一只碗，把酪乳、鸡蛋打散。
3. 在面粉中间弄一个坑，用餐刀把所有材料混合起来，做成面团，放冰箱冷藏 30 分钟。
4. 把面团擀成 2.5 厘米厚，用直径 5 厘米的圆形模子压出小圆饼。
5. 烤盘刷上薄薄一层牛油，面饼放上去，并刷上牛奶。
6. 烤箱预热 220℃／煤气烤箱 7 度。
7. 烤 15 分钟左右，烤至表面金黄。
8. 趁热，和凝脂奶油及果酱一起上桌。

SCONES

丽兹原味英式松饼
The Ritz's Plain Scones

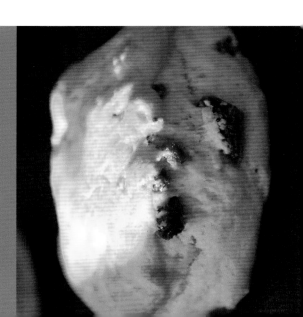

巴黎的丽兹酒店，因为香奈儿，海明威等名人的追捧，而被大家所熟悉。你可能一时没有机会在棕榈厅（Palm Court）吃着著名的"丽兹下午茶"，但至少可以按照丽兹的配方自制其原味英式松饼，安坐家中品尝"丽兹英式松饼"。

食材 INGREDIENTS

（12 个英式松饼）

50 克冰冻牛油（切粒）

225 克自发粉

1 茶匙塔塔粉

½ 茶匙苏打粉

½ 茶匙盐

150 毫升鲜牛奶

步骤 INSTRUCTIONS

1. 面粉过筛两次，将之与塔塔粉、苏打粉和盐糅进牛油，呈松散状

2. 加入牛奶，揉成软面团

3. 把面团擀成 2.5 厘米厚，用直径 5 厘米的圆形模子压出小圆饼

4. 烤盘刷上薄薄一层牛油，烤箱预热 220℃／煤气烤箱 7 度

5. 面饼放上烤盘，刷蛋浆，洒上面粉

6. 入烤箱烤 12 至 15 分钟，烤至表面金黄

SCONES

原味英式松饼
Plain Scones

英式松饼全能步骤

牛油须冷藏，面团做好也要冷藏。
混合面团时动作要快，轻柔，30秒完成，切忌反复揉搓，避免起筋，
影响松软的口感。

面团刷上蛋液烤出来的颜色比刷牛奶的更一些。

步骤 INSTRUCTIONS

1. 混合干性材料
把面粉、泡打粉过筛后，放入盆中，
接着加入盐、糖，稍微混合

2. 拌入牛油（和芝士）
把冰冻牛油切成小粒状，用手指将
牛油粒与干性材料混合，至粉粒状。
按配方加芝士

3. 加入湿性材料
加入食谱要求的牛奶/芝士/酪乳
或打散的鸡蛋，用手或刮刀混合成
一个柔软、湿润的面团（过程中不
要搓揉，尽量轻柔点）。若想要加葡
萄干也可在此时混合进去。面团用
保鲜纸包好，冷藏30分钟

4. 面团整形
将面团擀成长方形，折三折，再擀
开，再折三折，再擀开，再折三折，
使面团平滑。在撒了面粉的桌面，
将面团整形成2.5厘米厚，接着使用
圆形切模，压成小圆饼

5. 送入烤箱烘烤
将烤箱预热到指定温度。将面团排
在烤盘上，并刷上牛奶或蛋液，送
入烤箱烤指定的时间即可完成

轻盈甜品
Cakes & Biscuits

相比其他事物，气味和滋味虽说脆弱，却更有生命力；虽说虚幻，却经久不散。在一切形消影散后，唯独气味和滋味长期存在，印在脑海深处，借着它们，可以重温旧梦。

英式下午茶三层蛋糕架最上层是下午茶的高潮。美味的甜品，会在你记忆深处留下不可磨灭的印象。据说法国大文豪马塞尔·普鲁斯特（Marcel Proust）就是在喝茶吃蛋糕的时候萌生了创作长篇文学巨著《追忆似水年华》（À la recherche du temps perdu）的灵感，在小说里法式点心玛德莲蛋糕（madeleine）反复出现。

作者在阴冷的冬天，心情低落地回到家里，母亲准备了茶和"那种又矮又胖名叫'小玛德莲'的点心，看起来是用扇贝壳那样的点心模子做的"。他掰了一块"小玛德莲"泡在茶水中，舀起一勺茶送到嘴边。当"带着点心渣的那一勺茶碰到我的上颚，顿时使我浑身一震，我注意到我身上发生了非同小可的变化。一种舒坦的快感传遍全身，我感到超凡脱俗，却不知出自何因。我只得觉得人生一世，荣辱得失都清淡如水，甚时遭劫亦无甚大碍，所谓人生

短促，不过是一时幻觉；那情形好比恋爱发生的作用，它以一种可贵的精神充实了我。"小小的、泡了茶水的玛德莲蛋糕，让作者不再感到平庸、猥琐和凡俗。

有很多时候，早已尘封的往事在尝到某种味道时，又浮上心头。久远的旧事了无痕迹，唯独气味和滋味以几乎无从辨认的蛛丝马迹，坚强不屈地支撑起整座回忆的大厦。

动手做一款甜品，泡一壶靓茶，就从这个模样丰满肥腴，四周镶着一圈一丝不苟的褶皱，令人垂涎欲滴的"玛德莲"开始吧。

品尝沾了茶水的玛德莲蛋糕就是著名的"普鲁斯特时刻"。

Tasting a madeleine dipped in tea has become "the Proustian moment".

玛德莲贝壳蛋糕
Madeleines

法国作家马塞尔·普鲁斯特在作品《追忆似水年华》中描写了吃玛德莲贝壳蛋糕时奇特曼妙的感觉，那是令人为之一振的超凡脱俗的味道。请务必确保使用不沾的贝壳模具，或扫上足够多的油，使其能够干净脱模。然后，就像法国人那样品尝这美味点心吧——在茶里面泡一下。

食材 INGREDIENTS

（12个蛋糕）

80克无盐牛油（融化并晾凉）

80克自发粉（过筛）

80克糖

2个中型鸡蛋

1½茶匙泡打粉

青柠汁适量

步骤 INSTRUCTIONS

1. 将箱预热190℃
2. 模具扫上油并撒少许面粉
3. 糖和鸡蛋打发
4. 另外一个容器混合面粉和泡打粉
5. 1/2牛油加入1/2糖和鸡蛋混合物，轻微拌匀
6. 另外一半油以上材料加入1/2面粉，轻微拌匀
7. 混合所有材料，轻轻拌匀
8. 面糊倒入模具
9. 烤10分钟至表面金黄
10. 冷却后食用

做脆皮软心布朗尼 (brownie) 的关键是把鸡蛋和牛油打成慕斯 (mousse) 状，烘烤时间也是关键，表皮酥脆即可。如果烤过头，就会失去软心口感，变成普通蛋糕。

夏威夷果白巧克力布朗尼

Macadamia and
White Chocolate Brownies

食材 INGREDIENTS

(25 块布朗尼)

200 克黑巧克力 (固体可可含量不少于 50%)

175 克无盐牛油

3 个大鸡蛋

225 克非洲原蔗黑糖 (可用红糖代替)

100 克面粉 (过筛)

100 克夏威夷果 (烤熟切粒)

100 克白巧克力 (切粒)

可可粉少许 (撒面)

步骤 INSTRUCTIONS

1. 烤箱预热 180℃

2. 20 厘米烤盘垫上烘焙纸

3. 巧克力和牛油放入一个大碗，隔水加热融化，注意碗底不要接触到水

4. 鸡蛋和糖在另一个大碗中打至黏稠状 (约 8 至 10 分钟)

5. 加入巧克力浆，面粉，果仁和白巧克力，小心混合均匀，轻按有弹性

6. 放入烤盘，入烤箱烤 25 分钟，表面成形，切成小方块

7. 冷却后可以可可粉撒面，切成小方块

8. 可以置于密封保鲜盒保存 5 天

苏格兰牛油酥饼
Scotland Classic Shortbread

食材 INGREDIENTS

（14 条酥饼）

150 克无盐牛油（软化）

60 克砂糖（加少许撒面）

150 克面粉（过筛）

60 克大米粉

步骤 INSTRUCTIONS

1. 烤箱预热 150℃

2. 在 17 厘米的烤盘上铺少许牛油

3. 牛油和糖搅拌均匀至黏稠状，分次加入面粉和米粉，轻微搅拌成团，切忌过度揉面

4. 把面团放入烤盘铺平

5. 用刀画出 6 条横线，1 条竖线，即 14 块

6. 用叉子在每块上叉一些小洞

7. 入烤箱烤 30 分钟，拿出来再一次划分割线

8. 再入烤箱烤 30 分钟

9. 出炉后再次划分割线，撒一层砂糖

10. 静置 30 分钟后切成 14 块，小心地从烤盘中取出

11. 继续冷却，完全冷却后放入密封保鲜盒内可以保存数周

苏格兰牛油酥饼（shortbread）是和英式松饼齐名的传统英式茶点。在英国，牛油酥饼和英式松饼通常是甜品师傅互相比试的保留项目。和英式松饼一样，牛油酥饼的用料简单，只有牛油、面粉和糖，通常不加任何其他食材，是简单、纯粹、实实在在的美味。它松脆口感的秘密其一是添加米粉，其二是不要过度揉搓面团。

CAKES & BISCUITS

酸奶油巧克力纸杯蛋糕
Soured Cream and Chocolate Cupcakes

这款纸杯蛋糕（cupcake）以不加糖的可可粉做原料，浓郁可口，滋味有深度，让人吃不停口。以酸奶油（sour cream）和白巧克力做装饰，尽情发挥你的创造力，好吃好看又好玩。

装饰材料 DECORATION

25 克软化牛油
75 克酸奶油
150 克糖粉
40 克可可粉（过筛）
25 克白巧克力碎

食材 INGREDIENTS

（12 个蛋糕）

125 克软化无盐牛油
125 克黄砂糖（golden caster sugar）
2 个中型鸡蛋
100 克自发粉（过筛）
25 克可可粉（过筛）
牛奶少许

步骤 INSTRUCTIONS

1. 烤箱预热 180°C
2. 12 个纸杯放入蛋糕烤盘
3. 打发糖和牛油，逐渐加入鸡蛋，再加入少许面粉，轻柔搅拌
4. 加入余下的面粉、可可粉及少量牛奶，轻柔搅拌均匀，浓稠度以有少量滴落为准，把面糊装入纸杯
5. 约 20 分钟烤至松脆成形，冷却
6. 牛油、酸奶油打发至黏稠状
7. 逐渐加入糖粉和可可粉，呈黏稠的糖衣
8. 把巧克力淋酱放在冷却的纸杯蛋糕上，以刮刀抹平
9. 用白巧克力碎点缀，也可发挥创意用各色奶油花点缀

维多利亚海绵蛋糕
Victoria Sponge

这款经典蛋糕以维多利亚女王命名,始终都是下午茶会上不变的热点。草莓酱加奶油做馅料,简单的幸福。这款蛋糕容易制作,通常是英国小女孩家政课上学的第一个蛋糕。

食材 INGREDIENTS

（12 人份蛋糕）

200 克软化牛油

200 克黄砂糖

4 个中型鸡蛋

200 克自发粉（过筛）

1 茶匙泡打粉

4 大匙草莓酱

鲜奶油适量

步骤 INSTRUCTIONS

1. 烤箱预热 190℃

2. 糖和牛油打匀,逐个加入鸡蛋,筛入面粉,拌匀成面糊

3. 鸡蛋清打发至坚挺,光泽细腻目倾斜不流动的蛋白霜

4. 把蛋清和面粉分三次轻柔搅拌入面糊中

5. 把余下的面粉和泡打粉轻柔搅拌进去

6. 把面糊平均倒入两个烤盘

7. 25 分钟烤至表面金黄

8. 脱模冷却后摊去烘焙纸

9. 一个蛋糕放在圆碟中,涂上草莓酱,挤上鲜奶油

10. 另一个蛋糕叠在上面,撒少许糖粉装饰

柑橘糖浆海绵磅蛋糕

CAKES & BISCUITS

Citrus Syrup Sponge Loaf Cake

橙汁和柠檬汁使这款蛋糕的味道活泼起来。当蛋糕还是温热时，浇上橙子柠檬糖浆，看着着糖浆慢慢渗入金黄的蛋糕中，美丽、诱人……

蛋糕制作窍门：用刮刀切拌的方式——刮刀从面糊中央垂直切下，然后像划船一样，从不锈钢盆底部翻拌上来，另一手慢慢旋转不锈钢盆，持续轻柔地搅拌，直到材料混合均匀，看不到干粉粒或成液体为止。

食材 INGREDIENTS

（10 份）

200 克无盐软化牛油

200 克黄砂糖，另加 4 汤匙做糖浆

3 个大鸡蛋

100 克面粉（过筛）

100 克自发粉（过筛）

1 个橙（磨皮屑，榨汁）

1 个柠檬（磨皮屑，榨汁）

步骤 INSTRUCTIONS

1. 烤箱预热 170°C
2. 在 900 克面包模具上垫好烘焙纸
3. 用搅拌机搅拌牛油和 200 克黄砂糖，逐渐加入鸡蛋
4. 翻拌入面粉、自发粉、橙皮屑、柠檬皮屑、一半果汁，轻柔搅拌均匀
5. 面糊倒入模具中，烤 1 小时
6. 脱模到钢丝架上冷却
7. 剩下的橙汁和柠檬汁加 4 汤匙糖，小火熬成糖浆。
8. 糖浆趁热浇在蛋糕上，任其渗透
9. 切片装盘。可密封保存 5 天

以茶入馔
Baking with Tea

以茶入馔，源于中国，自古即有。用茶做出的糕点叫"茶食"，以茶做菜是"茗菜"，而在粥里加入茶汤则称为"茗粥"。《茶赋》中写道："茶滋饮蔬之精素，攻肉食之膻腻。"这说的是以茶入馔的神奇功效。茶，可以提升食材的滋味，扬长避短，可"成菜之美"。

茶通常作为佐料用于咸菜式中，龙井虾仁绝对是代表。而樟茶鸭是用樟树叶和茶叶熏制而成，是茶叶间接入菜的经典菜式。另一种用茶叶烹饪的方式是把茶叶磨碎，加入食品中，近些年相当走红的日本抹茶食品就是最好的例子。

西方人擅长烘焙，在英国，茶并不只是陪伴蛋糕的饮品，还常常用于烘焙各式西点。茶很适合用在水果蛋糕中。把干果浸泡在新鲜冲泡的茶水中，然后用于烘焙水果蛋糕，这样的蛋糕口感轻盈湿润，滋味丰富。味道独特的伯爵茶还常常用于饼干、海绵蛋糕，甚至冰淇淋，为平常的味道平添许多新意。

以茶入厨，其实难度颇高，挑战在于如何拿捏茶的分量。在用茶来烘焙糕点时，

茶的作用是提香。加了茶的糕点透着着幽幽的茶香，引人垂涎。而品尝时，舌尖隐约尝到一丝茶味，若有若无，不浓不淡，恰到好处。切忌茶味太浓，掩盖食物原本的味道，喧宾夺主。如何能够做到恰到好处，还是要不断实验。

一般来说，用于烘焙的茶应该较浓一些，以确保茶香可以充分显露出来。泡茶可以选冷泡，因为冷泡茶的香气保留完好，而热泡冷却的茶香发挥较弱。如果热泡萃取茶水，则需增加茶叶量来取得较浓的茶汁，浸泡时间避免过长，这样才能确保茶水不会过于苦涩。如果烘焙无水蛋糕，可以用冷泡牛奶过夜，还可以用热牛奶或融化的牛油浸泡茶叶，这种方法比较适合含牛油较大的茶，过滤起来会较容易。值得一提的是，浸泡过茶叶的黄油冷却凝固之后，用来抹面包是一绝。所以可以多做茶牛油，另外一些就用来抹烤好的吐司吧。

关于选择合适的茶品来烘焙，除了这里介绍的几种之外，你尽可以发挥自己的创意，用自己喜欢的茶来烘烤各种糕点。中国茶品种繁多，可以尝试选用香气独特高扬的茶叶来烘焙。铁观音冲泡之后散发出浓郁的兰香，东方美人有熟果的蜜香，而正山小种则具有独特的烟熏香气，这些都是不错的选择。另外，名优绿茶，例如碧螺春，可以研磨成碎末直接加入糕点中。这就好像日本的抹茶，要留意的是，茶粉越细腻越不容易影响口感。如果研磨的颗粒较大，适合用来烘焙饼干，例如曲奇等口感干脆的点心。

BAKING WITH TEA

蜂蜜小葡萄干胡桃茶蛋糕
Honey, Sultana and Pecan Tea Bread

馅料丰富，葡萄干、胡桃和伯爵茶蛋糕的混合，口感又酥脆又松软，层次分明。

食材 INGREDIENTS

(10 份)

200 克小葡萄干
200 毫升伯爵茶
75 克软化牛油
125 克黄砂糖
2 大匙蜂蜜
2 个中型鸡蛋
200 克自发粉（过筛）
75 克碎胡桃仁

步骤 INSTRUCTIONS

1. 小葡萄干在茶中浸泡过夜
2. 烤箱预热 180°C
3. 在 900 克面包烤盘上垫烘焙纸
4. 混合牛油、糖和蜂蜜
5. 逐渐加入鸡蛋
6. 以轻柔搅拌的方式拌入面粉、葡萄干和碎胡桃仁
7. 拌入剩下的茶
8. 烤 1 小时，牙签插入拔出后干净即可
9. 冷却，切片

红枣核桃磅蛋糕
Date and Walnut Loaf

这款磅蛋糕（pound cake）以金砂糖（demerara sugar）和碎核桃仁撒面装饰，透着橙香和茶香。搭配福南梅森烟熏伯爵茶，是休闲下午茶的一个亮点。

食材 INGREDIENTS

（10份）

125 克软化牛油

100 毫升烟熏伯爵茶

50 克红枣（切碎）

175 克黑糖

2 个大鸡蛋

75 克全麦面粉（过筛）

125 克自发粉（过筛）

1 茶匙发té粉

1 个橙（榨汁）

100 克核桃仁（切碎）

1 汤匙金砂糖

步骤 INSTRUCTIONS

1. 烤箱预热 180℃

2. 在 900 克面包模具上垫好烘焙纸

3. 冲泡好的茶倒进装有红枣的小碗，浸泡

4. 牛油和黑糖混合成糊状

5. 逐渐加入鸡蛋，一边加入一边打匀

6. 加入面粉、发粉、橙汁、切碎的红枣、茶和 75 克核桃碎，轻柔翻拌均匀

7. 面糊倒入模具

8. 撒上黄砂糖、碎核桃仁

9. 烤 1 小时

10. 冷却 10 分钟后，从模具取出蛋糕，放在钢丝架上至完全冷却

11. 可密封保存 5 天

BAKING WITH TEA

蜂蜜薰衣草磅蛋糕

Honey &
Lavender
Loaf Cake

用薰衣草树枝薰过的糖和薰衣草蜂蜜制成的磅蛋糕，口感温润松软，滋味清新细致，是下午茶的绝佳搭配。

食材 INGREDIENTS

(10 份)

薰衣草树枝 2-3 枝

2 汤匙福南梅森伯爵茶

200 克软化无盐牛油

175 克黄砂糖

2 汤匙福南梅森法国薰衣草蜂蜜

3 个中型鸡蛋

200 克自发粉（过筛）

1 茶匙泡打粉

步骤 INSTRUCTIONSS

1. 把薰衣草树枝和茶叶用布包好，埋在糖里密封约一周

2. 用糖之前取出布包

3. 烤箱预热 170°C

4. 在 900 克面包模具上垫好烘焙纸

5. 用搅拌机打匀薰过的糖、牛油和蜂蜜，逐渐加入鸡蛋

6. 翻拌入面粉和泡打粉，轻柔搅拌均匀

7. 把面糊倒入模具

8. 烤 1 小时

9. 出炉，黄砂糖撒面

10. 冷却 10 分钟后脱膜，置钢丝架上继续冷却

11. 用黄砂糖和薰衣草树枝装饰，装盘

12. 可密封保存 5 天

芝士无花果核桃油蛋挞

Fig Tart and Walnut Dressing

蛋挞轻盈味美，可以替代三明治，无论热吃冷吃都是下午茶咸点的好选择。这款加入了茶的咸蛋挞，口感丰富，滋味多层次，和英式下午茶很搭。

调味 DRESSING

2 大匙橄榄油

2 大匙核桃油

1 大匙红酒醋

25 克核桃（烤熟切碎）

一小把西洋菜

食材 INGREDIENTS

275 克酥皮

25 克加盐牛油

1 个小洋葱（切碎）

2 个中型鸡蛋

55 毫升浓奶油

20 毫升伯爵茶

少许肉豆蔻粉

2 个新鲜无花果（每个切成 9 块）

少量车打芝士碎

少许黑胡椒粉

步骤 INSTRUCTIONS

1. 烤箱预热 200℃

2. 酥皮切割成直径 10 厘米的圆形，放入蛋挞模具中

3. 酥皮底部戳小孔，防止酥皮太湿

4. 鸡蛋、浓奶油打散，放入少量盐、黑胡椒粉、肉豆蔻粉

5. 把切好的无花果和洋葱放进挞皮

6. 浇上蛋液

7. 铺上车打芝士碎

8. 烤 20 至 25 分钟，出炉冷却

9. 混合油（橄榄油和核桃油）、红酒醋、碎核桃仁和调味料

10. 每个盘子放一个蛋挞，浇上调味汁，以少量西洋菜叶装饰

果酱
Jams

英国的秋天是美好的。天气总是晴朗，阳光总是明媚。漫长的暑假就要过去了。一个下午，出去散步，打算走走走过的路，探索一下。就在离我家不远的一个上坡处，居然发现了一个"自然公园"，其实就是一个野园子。

我们沿着窄窄的土路走进去，两边是灌木丛，野草和野花。野生的，没人打理修剪，却也生机勃勃。下午的太阳为一丛丛不知名的淡紫色小花笼罩上一圈金色光环，偶尔有鸟儿被我们的脚步惊得扑棱飞起，空气中弥漫着暖洋洋的青草气。

前方是参天的古木，脚下的小路草多起来，踩上去软软的。阳光从树叶中洒下，照耀在矮生的绿色植物上，斑斑驳驳，远远逆光望去，竟然像河边闪闪发光的鹅卵石。走出这片树林，又豁然开朗，两边是一丛丛一人高的灌木，再仔细看看，居然是黑莓树。黑得发亮，胀鼓鼓的莓子挂满枝头，熟透的果子掉得满地都是。禁不住摘一颗，放入口中，酸甜浓郁，野味十足。

于是算算是发现了宝。第二日携小儿带篮子采摘黑莓。这黑莓树枝布满小刺，

一不小心就会扎进皮肤，又疼又痒。有些熟透的果子，碰一下就汁液四溢。这是阳光明媚的夏天赐给我们的礼物。把这些美味的果子做成果酱，就是把夏天，阳光和一切美好装进透明的玻璃瓶子，任寒冷的冬日慢慢品尝回味。

果酱的英文 "jam" 本来是挤压，压碎的意思，所以交通堵塞叫 "traffic jam"。英文中一般被通称为果酱制品 (fruit preserves)，包括：jam，marmalade 和 jelly。Jam 是将水果的果肉部分切成小块，和糖（通常使用添加胶质的果酱糖）加热熬煮而成。Marmalade 指的是用柑橘类水果的果皮做的果酱，如橘子，金枣或柠檬等。Jelly 是将果肉部分除去后的果汁加糖熬煮成胶质化后的果冻。自制的果酱与超市售卖的果酱有天壤之别。配自制果酱是高品质下午茶的首要条件，比如草莓酱，自己制作不但可以保证草莓原料的新鲜，还可以保留大块果肉。只有新鲜甜美，果肉丰富的草莓酱才能配得上你辛辛苦苦烤制的松饼。果酱制作是令人享受的放松过程，很有治愈效果。采摘果子，清洗大大小小的玻璃罐子，自己写标签并画上可爱的果子，然后让这些装满夏日阳光的瓶子摆满厨房一角的木架，这时候的你必然心满意足，甜在心里。

JAMS

有机野生黑莓酱
Organic Blackberry Jam

果酱是下午茶中不可缺少的元素，虽不是主角，却是高颜值的配角。野生黑莓，味道偏酸，加糖和柠檬调和之后，味道丰富浓郁，适合搭配各类的蛋糕。黑莓属于果胶含量较少的浆果类，在制作果酱时最好采用添加果胶的"果酱糖"。做好的果酱趁热装瓶，高温杀菌，可以保存很久。

食材 INGREDIENTS

（4瓶，每瓶200克）

黑莓 1000克

柠檬 1个

果酱糖 500克

空玻璃瓶 4个

步骤 INSTRUCTIONS

1. 黑莓洗净，用淡盐水浸泡1小时
2. 沥干水分备用
3. 玻璃瓶沸水煮3分钟，晾干备用
4. 柠檬榨汁
5. 黑莓放入容器中，用勺子捣烂
6. 加入柠檬汁
7. 加入糖拌匀
8. 小火煮50分钟至黏稠状，其间适当搅拌
9. 趁热装瓶密封
10. 放置阴凉处，可保存1年

JAMS

草莓酱
Strawberry Jam

草莓酱与英式松饼是完美搭配。只有自制多果肉多草莓酱才配得上自家烘烤的美味英式松饼。用"果酱糖"可以帮助凝固起泡久，糖可以先加热融化，再加入草莓。草莓也是果胶含量较少的水果，所以不要煮太久，草莓酱最好保留果肉颗粒。判断是否到了可凝固状态有一个小窍门：把一小勺热果酱置于冰冻的碟子上，手指滑过，如果呈现皱纹状，即可装瓶。

食材 INGREDIENTS

（4瓶，每瓶200克）

500克小粒草莓

250克果酱糖

½个柠檬

一小勺牛油

步骤 INSTRUCTIONS

1. 草莓洗净，沥干水分
2. 把草莓、柠檬、糖置于锅中，慢火加热，搅拌使草莓和糖融合
3. 把几个小盘子放入冰箱冷冻格
4. 开大火煮开草莓浆，煮约5分钟
5. 关火，从冰箱拿出冷盘子，测试凝结度
6. 拌入牛油，撇去浮沫
7. 静置10分钟后装瓶
8. 放置在密封阴凉处，可保存1年

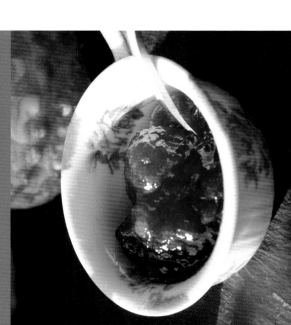